国家职业技能等级认定培训教材
国家基本职业培训包教材资源

中式烹调师

（技师　高级技师）

本书编审人员

主　编　范震宇　董智慧
编　者　赵　刚　杨吾明　黄金波　陈少俊　乔　兴

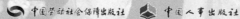 中国人力资源和社会保障出版集团
 中国劳动社会保障出版社　　中国人事出版社

图书在版编目（CIP）数据

中式烹调师：技师　高级技师 / 人力资源社会保障部教材办公室组织编写. -- 北京：中国劳动社会保障出版社：中国人事出版社，2021

国家职业技能等级认定培训教材

ISBN 978-7-5167-0524-7

Ⅰ.①中… Ⅱ.①人… Ⅲ.①烹饪 – 方法 – 中国 – 职业技能 – 鉴定 – 自学参考资料 Ⅳ.①TS972.117

中国版本图书馆 CIP 数据核字（2021）第 059412 号

中国劳动社会保障出版社
中国 人 事 出 版 社 出版发行

（北京市惠新东街 1 号　邮政编码：100029）

＊

三河市华骏印务包装有限公司印刷装订　新华书店经销

787 毫米 ×1092 毫米　16 开本　16.75 印张　292 千字
2021 年 4 月第 1 版　　2022 年 4 月第 2 次印刷
定价：45.00 元

读者服务部电话：（010）64929211/84209101/64921644
营销中心电话：（010）64962347
出版社网址：http://www.class.com.cn

前　言

为加快建立劳动者终身职业技能培训制度，大力实施职业技能提升行动，全面推行职业技能等级制度，推进技能人才评价制度改革，促进国家基本职业培训包制度与职业技能等级认定制度的有效衔接，进一步规范培训管理，提高培训质量，人力资源社会保障部教材办公室组织有关专家在《中式烹调师国家职业技能标准》（以下简称《标准》）和国家基本职业培训包（以下简称培训包）制定工作基础上，编写了中式烹调师国家职业技能等级认定培训系列教材（以下简称等级教材）。

中式烹调师等级教材紧贴《标准》和培训包要求编写，内容上突出职业能力优先的编写原则，结构上按照职业功能模块分级别编写。该等级教材共包括《中式烹调师（基础知识）》《中式烹调师（初级）》《中式烹调师（中级）》《中式烹调师（高级）》《中式烹调师（技师　高级技师）》5本。《中式烹调师（基础知识）》是各级别中式烹调师均需掌握的基础知识，其他各级别教材内容分别包括各级别中式烹调师应掌握的理论知识和操作技能。

本书是中式烹调师等级教材中的一本，是职业技能等级认定推荐教材，也是职业技能等级认定题库开发的重要依据，已纳入国家基本职业培训包教材资源，适用于职业技能等级认定培训和中短期职业技能培训。

本书在编写过程中得到浙江商业职业技术学院、广东省粤东技师学院、山东省城市服务技师学院、四川旅游学院等单位的大力支持与协助，在此一并表示衷心感谢。

人力资源社会保障部教材办公室

Contents
目录 | 中式烹调师
（技师 高级技师）

厨房管理

培训指导

第二部分　高级技师

宴会主理

菜肴制作与装饰

厨房管理

第一部分 技师

课程 1-1　原料鉴别

■ 学习单元　特色干制动物性原料的品质鉴别

特色干制动物性原料是高档宴会烹饪原料的重要组成部分，主要分为动物性海味干料和动物性陆生干料两大类。

一、特色干制动物性原料的种类与特征

特色干制动物性原料主要有鲍鱼、海参、鱼皮、鱼肚、鱼骨、哈士蟆油等。上述这些干制动物性原料都属于中国烹饪中传统的高档干制原料，与一般的干货原料相比具有价格昂贵、加工难度大等特点。

1. 鲍鱼的种类与特征

鲍鱼又称九孔螺、镜面鱼、明目鱼等，是鲍科贝类的通称。鲍鱼有一个厚厚的石灰质、右旋的螺形贝壳。鲍鱼的单壁壳质地坚硬，表面呈深绿褐色，贝壳上有从壳顶向腹面逐渐增大的一列螺旋排列的突起，壳上有由 5~9 个呼吸孔和突起形成的旋转螺肋，所以又称九孔螺。鲍鱼软体部分有一个宽大扁平的肉足，为扁椭圆形，黄白色，大者似茶碗，小者如铜钱。每年 7、8 月水温升高，鲍鱼向浅海作繁殖性移动，此时鲍鱼的肉足丰厚，最为肥美，是捕捉的好时期。鲍鱼散居，捕捉时要潜入水底寻找，捕捞困难，因此价格昂贵。

干鲍是鲜鲍鱼的加工制品，分淡干鲍和咸干鲍两种，如图 1-1-1 所示。

最负盛名的干鲍，按产地分主要有日本干鲍和南非干鲍。此外，中国、加拿大、美国、欧洲、中东、大洋洲等国家或地区也有鲍鱼出产。

日本干鲍中网鲍、吉品鲍、禾麻鲍这三种鲍鱼最负盛名，有鲍中之王的称号。日本号称鲍鱼皇国，制作鲍鱼的技术相当精湛。网鲍出产于日本青森县，是鲍鱼中的极品，原产于日本千叶县，后因海水污染，现以青森县出产的品质较佳。网鲍外形椭圆，呈咖啡色，鲍边细小，鲍枕呈珠粒状，烹制后口感柔软绵滑，色泽金黄，香味浓郁鲜美，用刀横切能看到鲍身带有网状花纹，故称网

图 1-1-1　干鲍

鲍。吉品鲍出产于日本岩手县，个头略小，形如元宝，鲍枕边高竖，色泽灰淡，吃起来浓香滑嫩。禾麻鲍出产于日本青森县，个头最小，身上左右均有两个孔。因其生长在岩石缝隙中，渔民用钩子捕捉并用海草穿吊晒干，这成了"禾麻"的标识。禾麻鲍肉质嫩滑，香味浓厚，与前两者并列为世界"三大名鲍"。

另外，出产于南非的干鲍品质仅次于日本干鲍，不论体形、肉质，还是口感及香味，都与日本干鲍相接近，但价钱却比日本干鲍要便宜得多，所以更加受到食客们的青睐。

鲍鱼的等级按"头"数计，所谓"头"指的是一司马斤（约 0.6 kg）里有大小均匀的鲍鱼多少只，如 2 头、3 头、5 头、10 头、20 头等，"头"数越少意味着鲍鱼的个头越大，价格也就越贵，1 头、2 头的鲍鱼属极品，已很难见到，即所谓"有钱难买两头鲍"。

2. 海参的种类与特征

海参为棘皮动物门海参纲动物的统称，在世界各地的海洋中均有分布。其种类有 1 000 多种，但具有食用价值的只有 40 多种，其中我国有 20 多种。优良品种主要分布在北半球太平洋沿岸，拉丁美洲沿岸和北冰洋沿岸。我国渤海、日本北海道及关东、朝鲜东北部等产地的刺参品质较好。

干制海参是海参经过加工后的干制品，其营养成分相比鲜海参更容易被人体吸收，而且容易存放运输，因而更受欢迎。

根据海参干制的工艺不同，干海参一般可分为盐干海参、淡干海参、糖干海参。

根据海参背面是否有肉刺状的突起，可将其分为刺参（见图 1-1-2）和光参（见图 1-1-3）两大类。

图 1-1-2 刺参

图 1-1-3 光参

刺参的体表有尖锐的肉刺，大多为黑灰色，体壁厚实而柔软，涨发性好，口感佳，质量较好，如梅花参、灰刺参、方刺参等。

光参表面光滑无肉刺，或有平缓突出的肉疣，多为黄褐色或黑色，质量参差不齐。如大乌参、猪婆参、黑乳参、黄玉参、辐肛参等。

一般来说，刺参质量优于光参，光参中大乌参质量最佳。

不同地域出产的海参品质存在差异。一般来说，我国南方海域出产的海参，因水温较高，海参生长速度较快，故品质相对较差。而辽东半岛水域清洁无污染，水底生物资源丰富，适合海参的生长，又因水温较低，海参生长周期较长，故品质较好。

3. 鱼皮的种类与特征

常见的鱼皮是用鲨鱼、鳐鱼、鲟鱼等大中型鱼类的背部厚皮加工而成的干制品。鱼皮剥下后刷去皮上血污、残肉等杂物，再经洗涤、干燥、硫黄熏制等工序制成，如图 1-1-4 所示。

图 1-1-4 鱼皮

鱼皮分海鱼皮和淡水鱼皮两种。海鱼皮主要品种有犁头鳐皮、沙粒魟皮、青鲨皮、真鲨皮、姥鲨皮、虎鲨皮等。犁头鳐皮用犁头鳐的皮加工制成，为黄褐色，是所有鱼皮中质量最好的。沙粒魟皮又称公鱼皮，用沙粒魟鱼的皮加工制成，皮面大，呈灰褐色，皮里面为白色，皮面上具有密集扁平、颗粒状的骨鳞。青鲨皮用青鲨的皮加工制成，为灰色，产量较高。真鲨皮用多种真鲨的皮加工制成，为灰白色，产量较高。姥鲨皮用姥鲨的皮加工制成，皮较厚，有尖刺、盾鳞，为灰黑色。虎鲨皮用豹纹鲨和狭纹虎鲨的皮加工制成，皮面较大，黄褐色，有暗褐色斑纹，皮里面为青褐色。

淡水鱼皮是生长在江、河、湖中的大型鱼类的皮加工后成品的统称，主要品种有鲟鱼皮、长吻鮠皮、巨狗脂鲤皮、青鱼皮等。

4.鱼肚的种类与特征

鱼肚又叫鱼胶、白鳔、花胶、鱼鳔，是石首鱼科、海鳗科以及毛鲿科等鱼的鳔经去脂膜、洗净、摊平（大鳔可剖开）、干制等工序加工制成的，如图 1-1-5 所示。上述这些鱼的鱼鳔较为发达，鳔壁厚实，故可制作鱼肚。常见的鱼肚主要有毛鲿肚、红毛肚、鮸鱼肚、大黄鱼肚、鮰鱼肚、鳗鱼肚等。因鱼的种类不同，鱼肚的品质与形状各有差异。

图 1-1-5　鱼肚

（1）毛鲿肚。毛鲿肚又称毛常肚、大肚、广肚，为毛鲿鱼的鳔加工而成；其呈椭圆形、马鞍状，两端略钝，体壁厚实，色浅黄略带红色。

（2）红毛肚。红毛肚为双棘黄姑鱼的鳔加工而成；呈心脏形，片状，有发达的波纹，色浅黄略带淡红色。

（3）鮸鱼肚。鮸鱼肚又称敏鱼肚、鳌肚、米肚，为鮸鱼的鳔加工而成。其外观呈纺锤形或亚椭圆形，末端圆而尖突，凸面略有鼓状波纹，凹面光滑，色淡黄或带浅红，有光泽，呈透明状，体形较大。

（4）大黄鱼肚。大黄鱼肚又称片胶、筒胶、长胶，为大黄鱼的鳔加工而成。其外观呈椭圆形，叶片状，宽度约为长度的一半，色淡黄。大黄鱼肚因加工方法不同而有不同的名称。剪开鳔筒后干制的，称为片胶；不剪开鳔筒干制的，称为筒胶；将数个较小的鳔筒剪开拉成小长条，再挤压并干制成大长条，称为长胶。大黄鱼肚根据外形又有不同的名称，其中形大而厚实的大黄鱼肚称为提片，形小而较薄的大黄鱼肚称为吊片，将数片小而薄的大黄鱼肚压制在一起的称为搭片。

（5）鮰鱼肚。鮰鱼肚用长吻鮠（俗称鮰鱼）的鳔加工而成；其呈不规则状，壁厚实，色白。因其外形似"笔架山"，故也称为笔架鱼肚。

（6）鳗鱼肚。鳗鱼肚又称鳗肚、胱肚，用海鳗的鳔加工而成。其外观呈细长圆筒形，两头尖，呈牛角状，壁薄，色淡黄。

以上各种鱼肚中，鳗鱼肚质量最差，其余各种鱼肚质量均较好。

5. 鱼骨的种类与特征

鱼骨又称为明骨、鱼脑、鱼脆，用鲟鱼、鳇鱼、鲨鱼、鳐鱼等软骨鱼类的鳃脑骨、鼻骨、头骨、鳍基骨等部位的软骨加工干制而成，为长形或方形，白色或米色，半透明，有光泽，质地坚硬。常见的鱼骨是用姥鲨的软骨加工制成的，有长形和方形两种，如图 1-1-6 所示。

图 1-1-6　鱼骨

6. 哈士蟆油的种类与特征

哈士蟆又称中国林蛙，属两栖纲蛙科动物，生活于阴湿的山坡树丛中，冬季群集河水深处石块下冬眠，早春产卵。哈士蟆原产中国、朝鲜、俄罗斯等国，我国吉林长白山所产的哈士蟆品质最佳。哈士蟆每年秋冬季捕捉上市，此时蛙体肥重，肉质细嫩，哈士蟆油质量最好。

哈士蟆油也称蛤蟆油，又称雪蛤油、林蛙油，为雌性哈士蟆的输卵管制成的干制品。其外观为不规则的块状，长 1~2 cm，宽约 1 cm，厚约 0.5 cm，黄白色，有脂肪样光泽，偶尔有灰色或白色薄膜状外皮，手感滑腻，如图 1-1-7 所示。

图 1-1-7　哈士蟆油

二、特色干制动物性原料的品质鉴别及保管

1. 鲍鱼的品质鉴别及保管

（1）鲍鱼的品质鉴别。干鲍的质量等级主要依其产地、种类及大小来划分。

从干鲍的产地来看，日本产的干鲍质量最好，其次是南非产的干鲍。从干鲍的个头来看，顶级干鲍 500 g 为 2~4 头，特级 500 g 为 6~8 头，一级 500 g 为 10~12 头。

干鲍品质的鉴别有闻、摸、看等几种方法。一般以色泽鲜艳呈淡黄色、肉厚有光泽呈半透明状、气味香鲜、身干形正、润而不潮、稍有白霜者为佳。

优质鲍鱼的特征：从色泽观察，其呈米黄色或浅棕色，质地新鲜有光泽；从外形观察，其呈椭圆形，鲍身完整，个头均匀，干度足，表面有薄薄的盐粉，若在灯下观察鲍鱼中部呈红色更佳；从肉质观察，鲍鱼肉厚鼓壮、饱满新鲜。

劣质鲍鱼的特征：从颜色观察，其色泽灰暗、褐紫无光泽，有枯干灰白残肉，鲍体表面附着一层灰白色物质甚至出现黑绿霉斑；从外形观察，体形不完整，边缘凹凸不齐，个体大小不均且近似马蹄形；从肉质观察，鲍鱼质地瘦薄，外干内湿，不陷也不鼓胀。

（2）鲍鱼的保管。保管干制鲍鱼，可按塑胶袋、牛皮纸与塑胶袋的顺序，完整包裹密封，存放于冰箱冷冻室中，只要不受潮，约可存放半年到一年。

涨发后的干鲍若无法一次售完，可放入原汤用保鲜膜密封后存于冰箱冷藏室中，一般可以存放 1~2 个月，建议不要储存太久；也可浸入净油冷冻保存，这样水分不容易流失。

2. 海参的品质鉴别及保管

（1）海参的品质鉴别。干海参种类较多，具体可从以下三方面鉴别。

1）外观。品质较佳的干海参色泽为黑灰色或灰色，体形完整端正，个体均匀，大小基本一致，结实而有光泽，刺尖挺直且完整，嘴部石灰质显露少或较少，切口小而清晰整齐，腹部下的参脚密集清晰；体表无盐霜，附着的木炭灰或草木灰少，无杂质、异味。

若干海参个体大小参差不齐，形体不正，色泽粗暗，参刺短，刺尖圆钝或残缺不全，腹部下的参脚模糊不清晰，端头切口不规则、不清晰，有较明显的石灰质，体表附有盐霜或盐结晶与杂质，则品质低劣。

2）手感。若干海参个体坚硬，不易掰开，分量较轻，敲击有木炭感，掷地有弹性、有回音，则为上品。

若干海参易于掰断，并有盐结晶或杂质脱落，手掂有沉重感，敲击或掷地无弹性和回音，盐含量在 60% 以上，则为劣质品。

3）内部状态。将干海参横向切开，其体内洁净无盐结晶，无内脏、泥沙等杂质，断面壁厚均匀，为 3~5 mm 及以上，断面肉质呈深棕色，光泽明亮，则为上品。

干海参横向切开，体内有明显的盐结晶或杂质，胶质层薄且厚度不均匀，甚至破碎形成破洞，组织形态老化，即为劣质品。

其中，辽参的干品分为三个等级，每500 g辽参在40只及以内的为一等品，41～55只的为二等品，超过55只的为三等品。选择辽参，以体形匀称、肉质厚实、刺多而挺、干燥完整者为好。

（2）海参的保管。干海参保存在干燥通风的地方即可。如果怕影响其质量和口感，短期保存最好放入冰箱冷藏，如果要较长期保存，最好放入冰箱冷冻。

已发制好的海参可放在一个干净无油的容器中，加入适量纯净水，密封放入冰箱冷藏室里。这种方法保存海参，只能短时间存放。也可将海参按一次的使用量分割成块，分别用保鲜膜包好，放入冰箱冷冻室内储藏，可以保存3～6个月。

3. 鱼皮的品质鉴别及保管

（1）鱼皮的品质鉴别。质量好的鱼皮皮面大、无破孔、皮厚实、洁净有光泽。具体可通过鱼皮内表面、鱼皮外表面状态进行鉴别。

鱼皮内表面通常指无沙的一面，无残肉、无残血、无污物、无破洞、鱼皮透明、皮质厚实、色泽白、不带咸味的，为上品；如果色泽灰暗、带有咸味、泡发时不易发涨，则为次品；如果色泽发红，即已变质腐烂，称为油皮，不能食用。

鱼皮外表面通常指带沙的一面，色泽灰黄、青黑或纯黑，光泽润滑，表面上的沙易于清除的质量相对较好；如果鱼皮表面呈花斑状，沙粒难于清除，则质量较差。

（2）鱼皮的保管。将干燥的鱼皮用保鲜袋密封后，干燥冷藏即可。已发制好的鱼皮很容易变质，应尽快使用。

4. 鱼肚的品质鉴别及保管

（1）鱼肚的品质鉴别。选择鱼肚时，以板片大、肚形平展整齐、肉质厚而紧实、厚度均匀、色淡黄、洁净、明亮有光泽、半透明者为佳。质量较差者片小，边缘不整齐，厚薄不均，色暗黄，无光泽，有斑块。

（2）鱼肚的保管。干鱼肚应放到冰箱里冷藏或放通风干燥处保存。已发制好的鱼肚沥去多余的水分，用保鲜袋装起来放到冰箱冷冻，可保存半年。

5. 鱼骨的品质鉴别及保管

（1）鱼骨的品质鉴别。质量好的鱼骨均匀完整、坚硬壮实、色泽白、半透明、洁净干燥。由于鱼的种类及原料骨的位置不同，鱼骨的质量各异。在鱼骨中，鲟鱼的鳃脑骨较好，尤以鲟鱼的鼻骨制成的最为名贵，称为龙骨；鲨鱼和鳐鱼的软骨质薄而脆，质量较差。

（2）鱼骨的保管。干制鱼骨可放到冰箱里冷藏或放通风干燥处保存。已发制好的鱼骨很容易变质，应尽快使用。

6.哈士蟆油的品质鉴别及保管

（1）哈士蟆油的品质鉴别。质量好的哈士蟆油呈黄白色，有脂肪样光泽，偶尔有灰色或白色薄膜状外皮，手感滑腻，块大，肥厚，不带血和膜及杂质。

（2）哈士蟆油的保管。保存哈士蟆油最好的办法就是密封，可放在冰箱里冷藏或放通风干燥处保存。涨发后的哈士蟆油很容易变质，应尽快使用。

课程 1-2　加工性原料的初加工

学习单元　特色干制动物性原料涨发加工

特色干制动物性原料的价格相对昂贵，涨发技术就显得格外重要，如果干制原料在涨发时没有去掉原料中的异味或涨发不到位，就会影响菜肴的品质甚至导致菜肴无法食用。

一、特色干制动物性原料涨发的技术要求

1.干制原料涨发工艺原理

干制原料涨发的原理，一般分为两种。

（1）水渗透涨发原理。将干制原料放入水中，干制原料就能吸水膨胀，质地由干、硬、韧、老变为柔软、细嫩或脆嫩、绵糯，从而达到烹调和食用的要求。干制原料吸

水膨胀主要有以下三方面因素。

1）毛细管的吸附作用。原料干制时由于失去水分会形成很多孔道，干制原料浸水后，水分会沿着原来的孔道进入原料中。这些孔道主要由生物组织的细胞间隙构成，呈毛细管状，因此具有吸附水和保持水的能力。

2）渗透作用。干制原料内部含水量较低，细胞中可溶性固形物的浓度较大，渗透压高。而外界水的渗透压较低，就形成了渗透，使水分通过细胞膜向细胞内渗透，即发生吸水膨胀过程。

3）亲水性物质的吸附作用。原料中的糖类和蛋白质分子结构中，都含有大量的亲水基团，它们能与水以氢键的形式结合。与渗透作用不同，亲水性物质的吸附作用是一种化学作用，它对被吸附的物质具有选择性，即能与亲水基团缔合成氢键的物质才可被吸附。另外，其吸水速度慢，而且多发生在极性基团暴露的部位。

（2）热膨胀涨发原理。热膨胀涨发就是采用多种工艺，促使原料的组织结构变性，膨胀成蜂窝状，再使其复水，成为松软的半成品原料。通过热膨胀，干制原料会膨胀成蜂窝状，其原因与原料中水分存在的形式有关。水在原料中存在的形式有两种。

1）自由水。采用压榨的方法从食物中挤出的水分或干制时所失去的水分均为自由水。

2）束缚水。束缚水与原料组织通过氢键结合成一体，通常条件下不易失去，不具有一般水的理化性质，即在原料体内不流动，不表现为溶剂等。

氢键是水与原料中亲水基团之间结合的纽带，它主要是由水中氢原子和氧原子与亲水基团中氧或氢原子缔合而成。干制原料在涨发过程中，随着温度的不断升高，一旦积累的能量大于氢键键能（200 ℃左右即可破坏氢键），就能破坏氢键，使束缚水脱离组织结构，变成游离的水。这时水就具有一般水的通性，在高温条件下可以快速汽化膨胀，促使干制原料形成气室。在一定温度下焐制一段时间后，原料的组织结构会彻底变化，气室定型成为固定的蜂窝状，这就是热膨胀的原理。

2. 干制原料涨发的技术原则

一般干制品的水分含量为3%～10%，从外观上看干制品都具有干缩、组织结构紧密、表面硬化、老韧等特点。

在涨发时要考虑干制原料的多样性，首先是品种的多样性，不同品种原料涨发的方法不同；其次是同一品种不同等级的差异，也会导致涨发时间不同；再次，干制方法的不同也会对涨发质量有影响。

特色干制原料的涨发不能简单地强调出品率，这一点在高档原料涨发中显得格外重要。烹饪技法讲究"有味者使之出，无味者使之入"，只有将干制原料中的异味在涨发的过程中去除，才能在菜肴烹制过程中展现其美味。

3. 干制原料涨发的技术要点

鲜活原料的性能、质量各不相同，脱水干制的方法也不一样，因此干制原料干、硬、老、韧的程度不同。特别是干制动物性原料，一般较干制植物性原料更为坚硬，其中以海产品更为突出，并带有较重的腥膻气味。为了达到切配和烹调的要求，在涨发干料时，必须掌握以下技术要点。

（1）熟悉原料的产地和性能。同一种干料，产地不同，性能也不一样。要使涨发效果良好，必须了解其产地和性能。例如，大连海参产自大连渤海湾冷水域，野生，肉厚，慢生长，多刺，坚硬，泡发后口感筋道、韧性好，故涨发时需要多次水泡、煮发。而福建海参是热带参，是北参南养，由于改变了生长环境，海参生长周期较短，从而影响海参的品质，泡发后肉质稀松、弹性差，故涨发时水泡和煮发的时间相对要短一些。

（2）鉴别原料的品质。原料的品质关系到涨发加工时间和加工选用的方法。不同品种的海参，其肉质厚薄不一，故涨发的时间也不同，如小而薄的海参涨发时间可短些，大而厚的海参涨发时间应长些。即便是同样大小、同样厚薄、同样品种的海参，涨发时也有先后发透之分，先发透的应先拣出来，没发透的继续涨发，至发透为止。

（3）正确掌握操作程序。每一种涨发方法都有一定的操作程序，如水发就有浸漂、泡发、煮发、焖发、蒸发等工序。每道工序的时间、火候等都必须随原料的性能而适当调整。

二、特色干制动物性原料涨发方法

1. 鲍鱼的涨发

（1）大连干鲍的涨发

1）原只大连干鲍用清水浸 10 小时，洗净。

2）在瓦锅中备一竹箅，由底至面，依次放上排骨、鲍鱼、老鸡，注入水盖过鸡身，用炭火煲 15 小时，其间需添淡汤，以保证汤水量盖过鸡身。

3）熄火前，汤水渐干成汁，用炭的余热将鲍鱼继续焗一晚即成。

（2）日本干鲍（网鲍）的涨发

1）原只日本网鲍用清水浸 6 小时，洗净。

2）在瓦锅中备一竹笪，由底至面，依次放上排骨、鲍鱼、老鸡，注入水盖过鸡身，用炭火煲 8～10 小时，其间需添淡汤，以保证汤水量盖过鸡身。

3）熄火前，汤水渐干成汁，即成。

（3）南非干鲍的涨发

1）将南非干鲍泡入清水中，小鲍鱼泡发 18 小时左右，大鲍鱼泡发 30 小时，泡到手摸有糯软的感觉。用牙刷刷洗鲍鱼周身杂质，不要太用力，以免破坏鲍鱼的形状。

2）将浸泡后的鲍鱼放入不锈钢或陶质器具中，加入清水，煮开后慢火煲约 2 小时，让其自然冷却后放入 0～5 ℃的冰箱冷藏，每天换一次水，反复几天。

3）将鲍鱼涨发至柔软即可。

2. 海参的涨发

海参品种多，质地差异很大，涨发方法以水发为好。

一般刺参涨发 2～3 天即可使用，而质硬、肉厚、个大的海参要发 4～5 天。1 kg 干料可涨发为 5～6 kg 湿料。

（1）辽参的涨发

1）将辽参用清水浸泡 12 小时，洗净后捞起。

2）将浸泡后的辽参放入砂锅加清水烧开，熄火后加盖让其自然冷却，放入 0～5 ℃的冰箱冷藏 12 小时。

3）取出冷藏后的辽参，放入砂锅加清水烧开后自然冷却，取出辽参，用剪刀剪开腹部，去除泥沙、内脏，洗净。

4）将洗净的辽参放入清水锅中，慢火煲至辽参软透，熄火冷却，将辽参捞出后放入保鲜盒，加清水放入冰箱冷藏，随用随取。

（2）梅花参的涨发

1）将梅花参放入清水中浸泡 8～12 小时，捞起洗净。

2）将洗净的梅花参放入锅中，加入清水、姜片、葱段、料酒，中火烧开后转小火煮 10 分钟，关火后浸泡 20 小时左右。

3）捞出梅花参，用清水洗净，另加清水煮开，关火后让其自然冷却，再换清水煮开，关火让其自然冷却，反复几次至梅花参发透为止。

4）用剪刀剪开梅花参腹部，去除泥沙、内脏，洗净后放入盛器中，加清水浸泡，用保鲜膜密封后放入冰箱冷藏即可。

（3）猪婆参的涨发

1）将猪婆参置于火上燎烧，烧至外皮枯焦，用小刀刮去表面焦皮。

2）将猪婆参放入不锈钢锅（或砂锅）中，加入清水、姜片、葱段、料酒，烧开后继续煮 10 分钟左右关火，泡制 15 小时左右。

3）将猪婆参捞起，用清水洗净后另加清水煮开，关火后让其自然冷却，再换清水煮开，关火让其自然冷却，反复几次至猪婆参发透为止。

4）用剪刀剪开猪婆参腹部，去除泥沙、内脏，洗净后放入盛器中，加清水浸泡，用保鲜膜密封后放入冰箱冷藏即可。

注意事项：涨发海参的盛器和水都不可沾油、碱、盐。油、碱易使海参腐烂溶化，盐会使海参不易发透。在涨发的过程中要注意检查，既要防止发不透，又要防止发得过于软烂。开腹取内脏时，要保持海参原有形状完整。

3. 鱼皮的涨发

（1）选用不锈钢或陶质器具，将鱼皮用清水浸泡 1～2 小时至初步回软。

（2）若是带沙的鱼皮要用热水浸泡，并将沙刮洗干净。

（3）放入足量的清水中，小火焖煮约 1 小时，再反复换水焖煮至发透为止，最后放入清水中浸泡，在低温环境中保存。

为增加出品率，可以采用隔水隔汽蒸的方法，1 kg 干料可涨发 3～4 kg 湿料。

4. 鱼骨的涨发

选用不锈钢或陶质器具，将鱼骨用清水浸泡 1～2 小时至初步回软。放入足量的清水中，小火焖煮大约 1 小时，再反复换水焖煮至发透为止。最后放入清水中浸泡，在低温环境中保存。

为增加出品率，可以采用隔水隔汽蒸的方法，1 kg 干料可涨发 2～3 kg 湿料。

5. 哈士蟆油的涨发

选用陶质器具，将哈士蟆油用清水浸泡 2 小时至初步膨润。挑出哈士蟆油上的黑筋和杂质，放入足量的清水中漂洗数次。将洗净的哈士蟆油上笼隔水隔汽蒸 1～1.5 小时，然后放入清水中浸泡，在低温环境中保存。

1 kg 干料可涨发 9～10 kg 湿料。

菜单设计

课程 2-1　零点菜单设计

■ 学习单元 1　零点菜单的结构及作用

菜单是餐饮经营单位将自己提供的菜点、饮品及其售价呈现给顾客的特定载体。零点菜单又称点菜菜单，是一种广泛使用、灵活便捷的菜单种类，顾客能根据自己的实际需要灵活组合菜点、饮品。

一、零点菜单概述

所谓零点就是顾客在餐厅用餐时，根据自己的意愿，自主选择菜点、饮品的行为。零点菜单是餐饮经营单位根据实际经营情况制定的供顾客自主选择组合的菜单。零点菜单是餐饮行业最基本、使用最广泛的菜单。其特点是菜单上的菜点、饮品按照一定程式排列，每一道菜点、饮品都标明价格，顾客可以根据自己的实际需要，酌量酌价地选择菜点，不必按照套菜菜单一次性打包购买整套菜点、饮品。

二、零点菜单的结构

根据就餐方式不同，零点菜单分为中式零点菜单和西式零点菜单；根据用餐时段不同，分为早餐菜单、午餐菜单和晚餐菜单。一般餐厅午餐和晚餐采用相同的菜单，合称为正餐菜单。

1. 早餐零点菜单结构

（1）粥类。粥类包括白米粥、小米粥、赤豆粥、鸡肉粥、牛肉粥、皮蛋瘦肉粥、菜粥等。

（2）点心类。点心类主要以中式面点为主，包子类有猪肉包、牛肉包、豆沙包、蔬菜包、奶黄包、萝卜丝包等；饺子类有猪肉饺子、虾肉饺子、芹菜饺子、白菜饺子等；烧卖类有糯米烧卖、翡翠烧卖等；煎炸烘烤类有炸春卷、炸油条、猪肉锅贴、牛肉锅贴、烧饼、烙饼等。

（3）小菜类。小菜类包括各式酱菜、油炸花生米、咸鸭蛋、凉拌菜等。

（4）饮品类。饮品类包括豆浆、牛奶、咖啡、果汁、茶、汽水等。

（5）水果类。水果类包括西瓜、苹果、橘子、葡萄、香蕉等。

有条件的餐厅现场煮制馄饨、面条、米线等风味小吃。

2. 正餐零点菜单结构

（1）冷菜类。冷菜类一般直接写出菜肴的名称，如卤鸭、白切鸡、凉拌海蜇、烟熏鱼干、蒜泥黄瓜、盐水毛豆、素烧鹅、酱牛肉等。

（2）热菜类。热菜类是菜单中菜肴数量最多的一大类品种，一般采用两种方式表示：一种是将菜肴按烹调工艺进行分组排序，如分成小炒类、烧焖类、蒸类、煎炸类等；另一种是按菜肴的主要原料类别进行分类，如山珍类、海鲜类、河鲜类、肉类、禽类、蔬菜类、主食类等。在按菜肴主要原料类别划分的菜单细目中，具体表示方法有两种：一是直接写清楚菜肴名称，如咖喱湖蟹、清蒸湖蟹、盐焗湖蟹、咸肉蒸湖蟹等；二是写原料名称，在其后标注这种原料烹制的方法，如原料为鳜鱼，则在其后标注清蒸、红烧、干烧、醋熘等烹调方法。

（3）主食点心类。在菜单中，主食和面点有分开单列的，也有合二为一的。主食类主要是指米饭类、面条类、粥类等。例如，米饭类有白米饭、扬州炒饭、菜泡饭等，面条类有长寿面、阳春面、炒河粉、炒粉干等，粥类有煲仔粥、八宝粥等。点心类主要由发酵类、油酥类、水调面类等组成，如小笼包、发糕、芒果酥、饺子、锅贴等。

（4）饮品类。饮品类主要包括酒和软饮料，有些餐厅单独编制饮品单，也有的餐厅把饮品列在菜单内，一般是在菜单的最后部分列出饮品。酒主要包括啤酒、黄酒、葡萄酒和白酒等。软饮料主要包括茶饮、汽水、果汁、牛奶、粗粮汁和矿泉水等。

除了以上基本结构外，餐饮企业还应根据自身的经营特色，在正餐零点菜单中增加本店的招牌菜、特色菜，或是地方风味菜、创新菜等。

三、零点菜单的作用

零点菜单作为最基本并被广泛使用的一种菜单形式，它对餐饮企业的经营管理、厨房生产、餐厅服务起着重要的基础性作用。

1. 零点菜单是营销的重要工具

零点菜单是连接顾客与餐饮经营者的桥梁，它先于菜品呈现在顾客眼前，起着先声夺人的作用，是顾客对餐饮企业第一印象的重要组成部分。一方面，餐饮企业通过菜单向顾客展示菜点，推介餐饮服务，体现本企业的经营特色。顾客则通过菜单选择自己所需要的菜点和服务。正是根据菜单上的文字、图片等信息，顾客对餐厅的菜点品种、价格范围、菜点内容、风味特色有了初步认识，而这正是餐饮企业经营特色和水平的体现。因此，菜单并不仅仅是简单的餐饮产品的目录，它在向顾客展示餐饮服务全部内容的同时，又无声地、强有力地影响着顾客的购买决定。另一方面，餐饮企业可以对菜单上产品的销售状况进行数据分析，根据结果及时调整菜点品种，改进烹调技术，完善菜点的促销和定价方法，使菜单更能满足特定的市场需求。

2. 零点菜单影响餐饮设备的选配和厨房布局

菜单中菜点品种及其特色各不相同，需要有相应的加工烹制设备、服务设备及餐具，菜点品种越丰富，所需的设备种类就越多。如果说零点菜单是餐饮企业配置设备的依据和指南，那么厨房和餐厅所使用的设备的数量、性能、型号等，则是决定厨房线路走向和设备器具布局的关键。因此零点菜单中的菜点内容体现着餐饮经营者确定的菜点风味和经营风格，而菜点风味和经营风格决定了餐饮设备的配置，也会对厨房规模及生产设备的整体布局产生影响。

3. 零点菜单影响厨师和服务员的配备

零点菜单展现的菜点风格特色、经营规格和档次，决定着厨师、服务员的配备人数和结构。例如，经营粤菜要配备擅长制作粤菜的厨师，体现高规格服务要配备服务技能娴熟的优秀服务员。否则，菜单设计得再好，若厨师、服务员无法胜任岗位要求，不仅会使顾客获得美好产品和优质服务的愿望落空，还会招致顾客的投诉，让顾客产生较差的用餐服务体验，使餐饮企业反受其累。因此，餐饮企业在配备厨房和餐厅员工时，要根据零点菜单，制定烹制菜肴、提供服务的标准化要求，并据此建立一支具备相应技术水平、结构合理的专业队伍。

4. 零点菜单影响食品原料采购和储藏

食品原料是烹制菜点的物质基础。食品原料的采购、储藏是餐饮企业业务活动的必要环节，它们完全由菜单决定。例如，对于使用广泛的零点菜单而言，若菜点品种在一定时期内保持不变，厨房生产所需食品原料的品种、规格等也应固定不变，这就使得企业在原料采购方法、采购标准、货源提供途径、原料储藏方法、仓库条件等方面能保持相对稳定。列入菜单的菜点的原料，是采购的必备品种，而临时增加或新推出的菜点品种所需的原料，应该及时调整落实到采购计划中去，保证在规定的时间内提供给厨房生产使用。

5. 零点菜单影响企业成本和盈利

零点菜单设计得是否合理，直接决定了企业成本的高低，影响到企业的盈利能力。如果菜单中用料稀缺珍贵、价格昂贵的菜点太多，必然导致较高的原料成本；若精雕细刻、费工耗时的菜点过多，又会增加企业的人工成本。因此，餐饮企业的成本控制要从菜单设计开始。在制定零点菜单时，不仅要准确计算出具体菜点的成本，而且要确定不同成本菜点品种的数量比例，将成本控制在合适的范围内，保证企业盈利目标的实现。

学习单元 2　零点菜单设计的原则及方法

零点菜单设计在餐饮企业整体营销、设备选配、厨房布局、人力资源、原料管理、成本控制及企业盈利等方面起着举足轻重的作用。餐饮企业应掌握零点菜单设计的原则及方法。

一、零点菜单设计的原则

1. 迎合目标顾客的需求

　　零点菜单上应列出适量菜点以便顾客选择。这些菜点既要体现餐厅的经营宗旨，又要迎合目标顾客、潜在顾客的需求。如果餐厅的目标顾客是收入水平较高、享受型就餐群体，那么菜单中就应该提供适量用料讲究、价格较高、做工精细的高档菜点；如果餐厅的目标顾客是收入中等、喜欢淮扬菜风味的群体，那么餐厅的经营特色就是中档淮扬菜，而不要把九转肥肠、葱烧海参、夫妻肺片、麻辣鸡丁、麻婆豆腐等菜肴都放到菜单中，使菜单无法集中反映经营特色；如果是以流动性人群为主要目标顾客的餐厅，菜单则应以制作快捷、价格中低档的菜点为主。总之，目标顾客不同，其餐饮需求也不同，零点菜单的设计也应随之变化。

2. 体现鲜明的风味特色

　　零点菜单设计要尽量呈现餐厅特色菜点。如果菜单上的菜点太普通，是其他餐厅尤其是附近餐厅都能供应的大众菜，没有风味特色鲜明的菜点做支撑，该餐饮企业便缺少了市场竞争力，具有可代替性。所谓鲜明的风味特色菜，是指本餐厅特有而其他餐厅没有或比不上的某类菜点，也就是人们常说的人无我有的"独家菜"、人有我优的"推荐菜""招牌菜""特色菜"。缺乏鲜明风味特色，是零点菜单设计最大的不足。

3. 保证原料供应，提供技术保障

　　凡列入菜单的菜点品种，餐厅应该无条件地保证供应，这是一条相当重要但却极易被忽视的经营原则。而要保证供应，餐厅必须具备两个基础条件：一是食品原料的供应能满足日常需求，二是有能够对菜点质量提供技术保障的厨师队伍。

　　餐厅必须充分掌握各种原料的供应情况。食品原料供应往往受到市场供求关系、采购和运输条件、季节、餐厅地理位置等诸多因素的影响，在选定菜点时，必须充分考虑到各种可能出现的制约因素，尽量使用当地出产或供应有保障的食品原料。

　　同时，在设计菜单时，必须考虑本餐厅厨师的技术状况、技术特长等因素，选定的菜点应该是能发挥他们特长的菜点，是他们力所能及的菜点，或者是通过适当的培训能够做到且能做好的菜点。当然也有一些餐饮经营者会提供少量的限量供应或者季节限定的菜点，以提高对顾客的吸引力。

4. 体现菜点的平衡性

设计零点菜单时应该考虑到以下几方面的平衡。

（1）原料搭配平衡。菜单中每一类别的菜点应使用多种主要原料去制作，以适应不同顾客对原料的选择要求。例如，菜单中应设计有海鲜、河鲜、肉类、禽类、蔬菜等多种类别的菜点，如果有顾客不喜欢吃河鲜，那么他还可以选择海鲜或其他类别菜点。原料品种选用、搭配得好，可以让更多的顾客选择到自己喜欢的菜点。

（2）烹调方法平衡。菜单中应设计用不同烹调方法制作的菜点，如采用炸、熘、爆、炒、炖、焖、烧、蒸、煮等多种烹调方法，有短时间加热、旺火速成的，有长时间炖煮、小火慢烹而成的。加热方法不同，菜点会形成脆、酥、嫩、软、烂、滑等不同的质感。在主导风味统摄下，多种复合味型并存，使菜点味型达到平衡。

（3）营养素供给平衡。零点菜单菜点设计时，要考虑到菜点原料各种营养素供给平衡的问题。一是原料应多样化，特别是要增加蔬菜、水果、豆类及其制品的比例。二是菜点的原料搭配要多样化，注意荤素原料的搭配。三是采用合理的烹调加工方法，尽可能多地保存原料中的营养素，减少营养素的损失，降低不当烹调加工方法对人体可能造成的危害。四是减少成品菜点的油量，避免顾客摄入过多油脂。五是在零点菜单菜点设计中，可以增加营养提示方面的内容，引导顾客选择平衡膳食，健康消费。

5. 实现企业与顾客双赢

零点菜单中的菜点价格通常高于套菜和团体菜单的价格，但这并不意味着价格越高，餐饮企业盈利越多。价格是把双刃剑，定价合理会使企业与顾客双赢。

（1）准确核算成本。设计零点菜单时，要准确核算菜点的原料成本、售价和毛利润，核算其毛利率是否符合盈利目标要求，即该菜点的盈利能力如何。

（2）评估销售量。设计零点菜单时，要综合评估菜点的畅销程度，估算预期销售量。

（3）分析影响值。设计零点菜单时，要分析某菜点的销售对其他菜点的销售可能产生的影响，即有利还是不利于其他菜点的销售。

（4）构建价格梯度。设计零点菜单时，菜点价格要有梯度，即每一类菜点应尽量在一定范围内有高、中、低价格的合理搭配，要让企业锁定的目标顾客在点菜时，既觉得贵贱任选、丰俭由己，又觉得价格合理、物超所值。

6. 确定合适的菜点数量

设计零点菜单时，要根据企业的生产规模和生产能力，确定合适的菜点总数量。一方面，菜点品种过多会导致厨房生产负担过重，加大厨师工作量，影响出菜速度，容易在销售和烹调时出现差错，产生点菜缺售的现象。另一方面，菜点过多还会导致餐厅需要保持很大的原料库存量，由此会占用大量资金，导致高额的库存管理成本。此外，菜点过多还会使顾客选菜决策困难，延长点菜时间，降低餐位周转率，影响餐厅收入。而菜点品种过少，又不便顾客选择，给顾客产生无菜可选的印象，使顾客产生另择餐厅用餐的想法。

7. 保持菜单对顾客的吸引力

为了保持顾客对菜单的兴趣，菜单要经常更换菜点，这样做可以有效防止顾客对菜单菜点产生厌倦感，而选择到其他的餐厅用餐。要保持菜单对顾客的吸引力，餐厅除了要有特色菜点、招牌菜点、推荐菜点外，还应注意以下几点。

（1）适当补充新鲜的时令菜。补充时令菜点，替换已经落市的菜点，使菜点能体现季节特色。顾客都有品尝时令菜的愿望，因此，在零点菜单的空白处，及时地增加新鲜的时令菜点，既能满足顾客尝鲜的愿望，又能增加餐厅的收入，一举两得。

（2）及时撤换不适合经营的菜点。要根据菜单数据分析结果，撤换不受顾客欢迎、点击率低且成本高、毛利低的菜点，留下盈利多且受顾客欢迎的菜点。

（3）研发新菜点。要定期或不定期地补充新菜点，一是把过去没有的菜点新增到菜单中；二是把过去虽有但已改进完善的菜点更新到菜单中；三是借鉴其他餐厅的优秀菜品，加以改进后，补充到菜单中。

（4）推介菜点。要通过菜单中引人入胜的文字介绍和精美的配图，把菜点色、香、味、形、质充分展示给顾客，激发顾客强烈的消费意愿，引导顾客对菜点的选择，强化购买决定。

二、零点菜单菜点品种结构与比例的确定

零点菜单菜点品种应适量。传统观点认为中式早餐零点品种应不少于 10 种，午餐、晚餐零点品种应不少于 70 种。现在餐饮企业更加注重高效率、个性化，供应产品种类趋向简洁。菜点品种类型要分类清晰，中餐零点菜单中应包含冷菜、热菜、汤菜、面点、主食、酒水等不同类别。同时，各类品种要兼顾高、中、低档的搭配，档次较

高、质量较好的品种占 25%～30%，中档品种占 45%～50%，档次较低、价格便宜的品种占 20%～25%。

三、零点菜单制定的基本步骤

（1）根据企业经营定位，明确风味特色，拟定菜单结构。

（2）根据企业规模和生产能力，确定菜点总数量及不同种类菜点的数量。

（3）划分并确定不同种类菜点的主要原料与味型。

（4）制定具体菜点的规格和质量标准，即菜点的主料、配料、调料的用量，以及制作方法、成品质量、器具选用等。根据顾客消费特点，可以将菜点划分成大、小两种规格，通常小盘可供 3～5 人食用，大盘可供 6～10 人食用。

（5）核算成本，计算售价，保证综合成本和目标利润的实现。

（6）调整、完善菜单结构，确定菜点排列的先后顺序，确定具体菜点编写的项目内容。

（7）设计菜单样式和版面，选用合适字体、纸张，交付印刷。

（8）根据已经确定的菜单，组织员工培训，确保生产、服务质量。

四、零点菜单的设计方法

1. 不同企业定位的零点菜单设计

企业定位是指企业根据自身资源和实力所确定的目标市场。企业根据顾客的特征，把整个潜在市场细分成若干部分，根据自身产品的特性，选定其中某部分或某几部分顾客，作为综合运用各种市场策略所瞄准的销售目标，即目标市场。

企业定位的目标市场不同，其零点菜单设计也不同。如果餐饮企业的目标市场定位为享受型就餐群体，那么菜单中就应该提供适量用料讲究、价格较高、做工精细的高档菜点；如果是以中低收入的工薪阶层为主要目标市场的餐厅，菜单就应以价格中低档的菜点为主。分析餐饮企业定位，设计零点菜单时要综合考虑以下要素。

（1）地理位置。分析餐厅所处的地理位置，并根据地理位置选定明确的目标市场，确定目标顾客。

（2）菜系风味。鲜明的主导风味是零点菜单设计中的主线。例如，是粤菜风味还是鲁菜风味，是淮扬风味还是川菜风味，是内蒙古烧烤风味还是重庆火锅风味，应明确区分，不能混淆。

（3）供餐方式。供餐方式的不同反映到菜单上就有了档次的差异，自然也就影响到菜点选择和价格定位。例如，早餐可以采用自助式，按照人均定价；午、晚餐可以提供大厅明档点餐，也可以提供包厢点餐服务。

2. 不同经营特点的零点菜单设计

餐厅在市场运作中必须建立一套适合自身持续发展的特色管理、特色服务、特色经营体系，体现出自己的特色。餐饮企业的经营特点直接决定了零点菜单的设计。例如老字号"全聚德"在做好烤鸭的基础上开创了全鸭席等符合其经营特点的菜单，这在其发展成享誉世界的餐饮品牌的过程中发挥了重要作用。从分析企业经营特点出发，设计零点菜单时可以参考以下要素。

（1）突出某一类菜品特色设计零点菜单，如海鲜菜、山珍菜、农家菜等。

（2）突出某一类菜系风味特色设计零点菜单，如东北菜、湖南菜、粤菜等。

（3）突出某一民族或国家风味特色设计零点菜单，如傣家菜、土家族菜、法国菜、泰国菜等。

（4）突出某一种烹调工艺设计零点菜单，如蒸菜、铁板烧等。

3. 不同企业综合资源的零点菜单设计

餐饮企业的综合资源是指企业的资金实力、餐厅档次、人员结构、设备设施条件、管理水平、采购情况、原料可得性、烹调生产能力等各级各类指标的综合构成。针对不同企业综合资源设计零点菜单时应遵循以下原则。

（1）优势原则。零点菜单设计必须充分发挥本企业资源的优势，避开本企业资源的短板，迎合目标客户群体的需求。

（2）盈利原则。零点菜单必须保证盈利。设计零点菜单时必须将成本考虑进去，那种不计成本、无法使餐厅盈利的菜单，肯定是不符合要求、不能被采用的菜单。

（3）保障原则。零点菜单上的菜点原料和菜点必须保障供应。例如，经营高档山珍海味的零点餐厅，不应发生鲍鱼、海参、松茸等原料经常断档或以次充好的情况。

（4）统一原则。零点菜单的菜点质量应始终保持品质如一。质量是餐厅的生命线，没有质量的保障，优势也会转化为弱势甚至劣势，餐厅应建立菜点出品及服务标准。

（5）吸引原则。零点菜单中始终要有能吸引顾客的、独具特色的菜点，如红烧菜、炖焖菜以特色烹调方法吸引顾客，海鲜菜、河鲜菜以特色原料吸引顾客，西湖醋鱼和龙井虾仁则以地方特色风味吸引顾客。

（6）形象原则。零点菜单设计应有助于维护企业的良好形象，突显餐饮企业的优势，有助于企业社会影响力和社会美誉度的不断提升。

典型案例

某连锁餐饮企业零点菜单设计

一、情景描述

杭州某知名连锁餐饮企业成立于 20 世纪 90 年代末期，从最初的市井坊巷餐厅发展为目前在全国拥有近 200 家门店的大型连锁餐饮企业。20 多年间，该连锁餐饮企业门店遍布北京、天津、上海等 60 多个城市，品牌风靡大江南北，凭借其独有的特色取得了成功。在互联网时代，该连锁餐饮企业门店的菜单以电子菜单为主，如果顾客有需求也提供纸质菜单。以其杭州市某商场门店 2020 年 1 月的电子菜单为例，菜单分为"随便点""热销榜"（提供本店销量榜前 30 名的菜品）和"点过的菜"三个栏目。在"随便点"栏目中，可以看到该门店全部零点菜单，分为鸡 / 鸭、鱼 / 虾 /蟹、蔬菜、豆腐等门类；其中最贵的菜是老鸭煲（整只）和青蟹，售价 168 元，最便宜的菜（不包括 2 元米饭）是 3 元的麻辣豆腐，素菜的售价多数在 18～28 元，见表 2-1-1。

表 2-1-1　某连锁餐饮企业杭州市某商场门店 2020 年 1 月

菜单部分类别菜品及售价

部分类别	菜品及售价
鸡 / 鸭	酱鸭糯米饭（￥28.00）、茶香鸡（￥48.00）、江南原味鸡（￥58.00）、叫花鸡（￥108.00）、老鸭煲（半只）（￥88.00）、老鸭煲（整只）（￥168.00）
鱼 / 虾 / 蟹	酒香带鱼（￥78.00）、千岛酱鱼头（￥88.00）、西湖醋鱼（￥88.00）、油爆河虾（￥98.00）、梭子蟹笋干（￥108.00）、鳜鱼（￥128.00）、笋壳鱼（￥158.00）、青蟹（￥168.00）
蔬菜	倒笃菜四季豆（￥18.00）、干煸花菜（￥18.00）、剁椒芋芳（￥22.00）、山药莴苣（￥22.00）、酱爆茄子（￥22.00）、蛋黄板栗南瓜（￥22.00）、青蒜笋衣（￥26.00）、雪菜蘑菇肉片（￥28.00）、荷塘小炒（￥28.00）、火腿甜豆（￥28.00）、风肉虾干蒸娃娃菜（￥28.00）、笋干丝瓜（￥28.00）
豆腐	麻辣豆腐（￥3.00）、干炸臭豆腐（￥15.00）、干炸响铃（￥18.00）、鲜虾臭豆腐（￥22.00）

二、案例分析

一道 3 元的麻辣豆腐，开业 20 多年从未涨过价。为什么 3 元豆腐从未涨价也不怕被模仿？因为同类商家可以复制 3 元一份的麻辣豆腐，但是复制不了该连锁餐饮企业门店的消费氛围和消费环境。那么为什么是麻辣豆腐这道菜，而不是其他单品呢？一份好的零点菜单，要做到"每一个菜都有它的使命和地位"。麻辣豆腐是一道大众菜肴，具有广泛的顾客基础，能迅速被关注并传播；同时，麻辣豆腐的成本不高、工艺不复杂，也让低价销售成为可能。

当消费者进入位于繁华商圈的知名连锁餐饮企业门店，竟然看到 3 元的麻辣豆腐和 2 元的米饭，便会对该品牌餐饮企业瞬间产生价廉物美、物超所值等美好的消费体验。在这一过程中，消费者对产品的评价完成了从价格到价值再到性价比的三阶段思考。

零点菜单的设计来自精准的定位，该品牌把经营目标定位为居家式用餐，锁定朋友聚会和家庭聚会这两个消费场景。当商务宴请在餐饮业掀起风潮的时候，该连锁餐饮企业却预见到居家式日常消费市场的发展潜力，将消费群体锁定于家庭式就餐的普通百姓，并把高性价比作为核心竞争力。事实证明，随着生活水平的提高，家庭消费能力日益增强，该品牌的消费群体也在不断扩大。

课程 2-2 宴会菜单设计

学习单元 1 宴会的类型及发展

从字义上分析，"宴，安也"，其本义是"安逸""安闲""安乐"，引申为宴乐、宴享、宴会；"会"的本义是聚合、集合。宴会即"众人参加的宴饮活动"。

一、宴会概述

1. 宴会的定义

宴会是人们为了一定的社交目的，举行的集饮食、社交、娱乐于一体的宴饮聚会活动。

（1）人们的社会交往决定宴会的本质属性，这也是宴会普遍的、必然的属性。

（2）宴会是在人类社会发展过程中形成的。宴会不是某些民族、团体、个人专有的，它具有共通性。

（3）宴会的群体聚餐形式丰富多彩，有正式、隆重、高级的，也有非正式、随意、普通的，参加宴会的群体构成也多种多样。

（4）从宴会设计的角度看，任何宴会都有计划性。摆酒宴、请客吃饭，有的是很早就筹划好的，有的则是临时决定，但只要决定了，不论是选择在酒店举办，还是在自己家里操办，都需要有一定的计划，虽然这样的计划有详尽与粗疏之分，事实上，不存在没有任何计划的宴会，这是符合人类活动具有目的性、计划性的基本规律的。

2. 宴会的特征

宴会不同于日常三餐，它具有聚餐式、规格化、社交性和计划性的鲜明特征。

（1）聚餐式。聚饮会食是宴会的形式特征。宾主为了一个共同的主题，在同一时间、同一地点品尝同样的菜点、享受同样的服务，举杯共贺。这种就餐方式体现了中国传统儒家文化"和为贵"的理念。中式宴会一般采用圆桌形式，多人围坐而食，多席同室而设，就餐者在愉悦欢快的气氛中亲密交谈、共同进餐。赴宴者有主人、副主人及主宾、陪译人员之分，宴会一般 10 人一席，全场又有主桌、副桌等桌次区别。圆桌含有平等、团圆的含义，就餐者围桌而坐，有一种和谐融洽的氛围。

（2）规格化。规格档次是宴会的内容特征。宴会不同于日常就餐与零点餐饮，十分强调规格档次。宴会因时选菜、因需配菜、因人调菜、因技烹菜，菜品配套、丰盛多样、制作精美、调配匀称，餐具雅丽，席面精美。整个席面的冷菜、热菜、点心、水果、酒水等均按一定质量与比例分类组合、前后衔接、依次推进。在宴会环境布置、宴会节奏掌控、员工形象设计、服务程序配合等方面都要精心设计，使宴会环境优美、风格统一、配菜科学、形式典雅、气氛祥和、礼仪规范、秩序井然、接待热情、富有情趣，给人以美的享受。

（3）社交性。社交性是宴会的社会特征。宴会作为人与人之间的社交活动形式，在人类社会中是常见且必要的。古往今来，人们或为公、或为私、或为情、或为事，都常设宴欢聚，宾主尽欢。宴会渗透到社会生活的各个领域，如国际交往、国家庆典、亲朋聚会、节日庆祝、红白喜事、饯行接风、酬谢恩情、乔迁置业、商务洽谈等都可以宴请。通过宴会，人们不仅获得饮食艺术的享受，还可增进人际间的交往。

（4）计划性。计划性是宴会的手段特征。如前所述，在社会交往活动中，人们办宴设席是为了实现某种目的，这些目的需要通过"计划"这一手段来实现。为了更好地实现目的，主办宴会的单位或个人都会对即将举办的宴会进行规划。例如，宴会的规模、邀请的宾客、举办宴会的场所、宴会中需要穿插的活动、宴会要达到的理想状态与效果等。如果餐饮企业承办宴会任务，就必须把主办者的意愿细化成可以操作的宴会计划或者是宴会实施方案。所以举办宴会并实现宴会的目的，必须有计划。

二、宴会类型

由于宴请的目的、规格、形式、地点、时间、礼仪、习俗等不尽相同，宴会名目繁多。例如，依据宴会菜式分类，可以分为中式宴会、西式宴会和中西结合式宴会；依据宴会性质与接待规格分类，可以分为国宴、正式宴会、便宴、家宴等；依据交往礼仪分类，可以分为欢迎宴会和答谢宴会等；依据用餐形式分类，可以分为冷餐会、鸡尾酒会和茶话会；依据宴会规模分类，可以分为小型宴会、中型宴会、大型宴会和特大型宴会。本书从餐饮业宴会经营与设计的实际出发，将宴会分为公务宴会、主题宴会和特色宴会。

1.公务宴会

公务宴会是指政府部门、事业单位、社会团体及其他非营利性机构或组织，因交流合作、庆功庆典、祝贺纪念等公务事项接待国际、国内宾客而举行的宴会。根据宴会性质和接待规格，还可细分为国宴和政务宴，其中国宴是公务宴会的最高形式。

（1）国宴。国宴是以国家名义举行的最高规格的主题礼宴，是国家元首或政府首脑在国家庆典、新年贺喜与重大活动中为招待各国使节或各界知名人士举办的盛宴，或为来访的外国领导人、世界名人举行的正式迎送宴会。主要形式有庆典类国宴、迎送类国宴、接待类国宴和迎春茶话会。宴会厅格局高雅有序，气氛热烈隆重，主席台悬挂国旗，请柬、菜单和席位卡上均印有国徽；礼仪程序严格，出席者规格高、代表性强，宾主均有序入席就座；设有乐队演奏国歌及席间乐，国家领导人发表重要讲话或祝酒致辞；菜单设计精美，服务细致周到。国宴的宴会时间通常为 45～75 分钟，常见菜单为 1 冷菜、4 热菜、1 汤、3 点心、1 水果、1 主食。近年来，我国国宴普遍以中西结合式宴会为主，餐具有筷子、刀叉，在菜式格局、菜肴风味上融贯中西、兼顾宾主。

（2）政务宴。政务宴是政府、社会团体等为欢迎应邀来访的宾客，或来访宾客为答谢主方而举行的宴会。主宾双方均以政务身份出席，接待活动围绕宴会政务活动主题安排。环境布置正式，气氛热烈，放置或悬挂宴请方和被宴请方的标志或旗帜等。接待规格与宾主双方的身份相一致。宴会程序相对固定，如宴前的祝酒致辞、席间音乐和宴会结束后的安排等都有相应的惯例。按照政务接待从简原则，除正式宴会外还可以安排招待会、茶话会或工作餐。

2. 主题宴会

主题宴会既不同于零点餐饮，又有别于普通的聚餐。主题宴会是餐饮产品的一种呈现形式，是餐饮企业经济收入的重要来源，是提高餐饮企业声誉、增强企业竞争力的有效途径，是推进餐饮文化创新、提高烹调技艺的重要机会和形式。它的最大特点是赋予宴会以某种主题，围绕既定的主题来营造宴会氛围，宴会的菜品、场景、席面和服务都围绕主题设计，使宴会的目的性更加突显。这类宴会有很多，较具代表性的有婚宴、生日宴、节庆宴、庆贺宴、商务宴、酬谢宴等。

（1）婚宴。婚宴是人们为庆祝喜结连理和感谢前来祝贺的亲朋好友而举行的宴会。按传统文化，中国人把婚姻看作是人生旅途中的一件大事，故婚宴讲究隆重、热烈欢快、喜气洋洋，既符合民风民俗，又要有现代浪漫气息。

（2）生日宴。生日宴是人们为庆祝生日而举办的宴会。生日宴反映了人们祈求康乐长寿的愿望，因而现在的生日宴上，既有中国传统的寿桃、寿面等食品，又融合了具有西方特色的点蜡烛、吹蜡烛、唱生日歌、许生日愿、分享蛋糕等仪式。

（3）节庆宴。节庆宴是人们为欢庆节日而举办的宴会。在中国传统的端午、中秋、重阳、除夕、元宵等节日里，人们有设宴欢庆的习俗；不仅如此，人们也为现代节日如劳动节、国庆节等聚宴设席，欢度佳节。

（4）庆贺宴。庆贺宴是指企业或个人为庆贺特别有纪念意义的事件而举办的宴会，如为开业庆、周年庆、毕业庆或业绩庆等举行的宴会。庆贺宴主题明确，赴宴者心情欢快，宴会洋溢着喜庆气氛。

（5）商务宴。商务宴是指在商务活动中，商务伙伴为建立互信、联络感情和洽谈商务而举行的宴会。在经济区域化与全球化发展的新阶段，商务宴在社会经济交往中的运用日益频繁，成为我国餐饮企业的主营业务之一。

（6）酬谢宴。酬谢宴是为了表达谢意而举行的宴会，常见的有谢师宴、答谢宴和升迁宴。谢师宴是为了表达对师长的感激、聆听老师的赠言而举办的宴会；答谢宴旨在为感谢他人帮助而设宴致谢；升迁宴意在与原同事相聚相送，感谢相伴相助的美好时光。

3. 特色宴会

与主题宴会以相关主题设计宴会不同，特色宴会以"特"见长，包括风味特、文化特、选料特、技法特等。一是风味特色宴，荟萃某类风味名馔，给人以"人无我有"的印象，如"孔府特色宴""岭南特色宴"等；二是文化特色宴，展现特有的文化、情怀和风采，如"西湖十景宴""秦淮景点宴"等；三是选料特色宴，通常以一种原料为主，并根据主料不同品种、不同部位的品质和特点，配以各种辅料，采用不同的烹调技法及调味品制成不同的菜品，如"全鱼宴""全鸭宴"等；四是技法特色宴，此类宴会以烹调技法为重点，如"烧烤宴""全蒸宴"等。

三、宴会发展

1. 宴会的发展历史

中国地域辽阔，民族众多，历史悠久，有着深厚的餐饮文化。中国又是一个善于接纳、融合各种不同文化的文明古国，现今中式宴会已发展成为吸收世界饮食精华、具有中国特色、深受各国客人喜爱的一种餐饮活动。

我国传统宴席源于夏周，兴于隋唐，全盛于明清，发展于近现代。悠久的历史文明孕育出了内容丰富、独具特色的中国宴会文化。中国宴会在食材选择、烹饪工艺、菜品构成、宴席摆台、服务程序、会场布置、赴宴礼仪、食趣意境等诸多方面有着极其丰富的文化内涵，留传下来很多富有特色的名宴名席。这些名宴名席不仅场面宏伟、菜点精美、席面美观、技术性强、知名度高，更有"山不在高，有仙则名；水不在深，有龙则灵"的文化寓意。中国古代名宴有周代八珍宴、战国楚宫宴、唐代烧尾宴、清代千叟宴、清代满汉全席等，文化名宴有鸿门宴、红楼宴、孔府家宴等，地方特色宴有洛阳水席、两淮长鱼宴、荆楚鱼席、四川田席、金陵船宴、阳谷乡宴、太原全面席、西湖十景宴等，不胜枚举。

宴会是不同地区、不同时代人类饮食活动中，精神文明和物质文明集中体现的重要（或主要）形式，是饮食文化的主要研究对象。宴会文化是人类有关宴会的创造性成果的总和，是饮食文化与科学技术不断融合的产物。中国宴会文化蕴含着中国人在认识事物、理解事物的过程中形成的哲理。

古往今来，宴会渗透到社会生活的各个领域，大至国际交往，小至生儿育女，各个时代、各个地域、各个民族、各个家庭、各种场合都离不开它。中国自古有"民以食为天""食以礼为先""礼以筵为尊"的说法，宴会蕴含着文化、科学、技艺，是中国饮食文化的主旋律之一。在人的一生中，孩子出生办满月酒宴，接受亲朋好友的贺喜；之后，孩子周岁时办宴，与亲朋好友一起庆祝；十八岁时办宴，庆贺成年；结婚时办宴，庆贺成家；到了退休时，更要庆贺一番，表示已完成了工作岗位的任务，可以乐享天伦了。在社会交往中，迎来送往、开张择业、庆贺佳节、商务洽谈、学成毕业、谢师答恩等都要办宴。宴会表面上看是一种"吃"的生理满足，但实际上"醉翁之意不在酒"，它借"吃"这种形式表达了一种丰富的心理内涵。"吃"的文化已经超越了"吃"本身，获得了更为深刻的社会意义。

2. 宴会的改革创新

宴会改革创新要在坚持风格统一、工艺丰富、配菜科学、形式典雅、接待礼仪规范和审美情趣高雅的基础上，弘扬中国饮食文化，强化它的文化内涵与时代气息。

（1）注重营养。在原料选用、食品配置、宴会格局上，都要满足平衡膳食的要求，选用绿色有机原料、保健原料、乡土特色原料，增加植物类、豆制品等原料；调整荤菜与素菜、菜肴与主食、菜点与酒水的比例，减少热菜品种，增加面点品种并控制宴席菜品总量及每份菜的数量。

（2）加强卫生。改进宴会进餐方式，从聚餐趋向分餐，采用"各客式""自选式"和"分食制"。中餐西吃是近年发展演变出来的一种中餐宴会方式。它按传统的中餐制作方法制作菜肴，而装盆、菜单结构、上菜方法等融合了西餐的方法与要求，用餐时筷子、刀叉并用，这是一种比较新的中餐宴会的用餐形式，未来会越来越普遍。

（3）提倡节俭。餐饮业要积极响应和主动参与文明餐桌行动，倡导节约消费、绿色消费，传递绿色理念，倡导绿色生活方式。表现在宴会上，宴请应注重节俭，可以从顾客用餐习惯、接待服务、原料加工等方面减少浪费。为适应快节奏的生活，控制和掌握宴会时间也势在必行。

（4）追求精致。新式宴会设计要讲究实惠，力戒追求排场，既要适当控制菜点的数量与用量，防止堆盘叠碗的现象，又需改进烹调技艺，精益求精，重视菜肴的口味与质感，避免粗制滥造。

（5）突出特色。如今，中西结合的宴会和模仿的国外宴会已经出现，历史名宴被复活再现，新宴会形式不断涌现，茶话会形式普遍被采纳。餐饮业借鉴科学合理的就餐方式和服务方式，使就餐与服务更文明、更人性化。宴会服务形式向标准化、规格化和个性化方向发展。

（6）美化环境。宴会场地不再局限于室内，而是走向室外，向大自然靠拢，可以在湖边、草地上、树林里举办湖边宴会、草地宴会、树林宴会等，营造与大自然相接近的浪漫氛围，满足人们回归自然的渴望。宴会设计者力求调动一切可以调动的手段，努力创造理想的宴会艺术境界，给宾客以美的享受。

（7）讲求食趣。宴会不仅要求菜品纯净、营养合理、安全卫生，还追求菜品色、香、味、形、质等的感觉美。此外，宴会设计者还可以通过饮食环境、饮食器具、社交礼节、上菜程序以及音乐演奏等因素的创新，营造意境和韵味美，使饮食者产生愉快、欢乐的情绪，留下美好回忆。

（8）国际化。通过中西交流，中式宴会展现出了新的时代特色，如从法式宴会服务演变出现场操作式的派菜服务；红白葡萄酒逐渐取代中国传统白酒，成为宴会餐桌上的主要用酒。中国饮食文化在与世界各国文化的碰撞中，在博采众长的过程中，得到进一步的完善和发展，保持了长久的生命力。

■ 学习单元 2 宴会菜单的结构及作用

宴会菜单是按照宴席的结构和要求，将冷菜、热菜、点心、酒水等按照一定比例和顺序编制的菜点清单。宴会菜单既要讲究规格、顺序，又要考虑菜品原料、口味、烹饪方法的不同，同时还需要按照季节变化安排时令菜点。

一、宴会菜单的作用

宴会菜单是餐饮企业经营管理的重要组成部分，是餐饮经营管理者经营思想与管理水平的体现。宴会菜单是顾客与经营者之间的桥梁，是餐饮经营管理者研究菜肴是否受欢迎、改进菜单设计的重要资料。宴会菜单既是艺术品，又是宣传品。此外，宴会菜单也是餐饮企业一切宴会活动的总纲。宴会菜单作为菜单的一种，具有以下作用。

1. 宴会菜单是宴会工作的提纲

宴会菜单是开展宴会工作的基础与核心，宴会所用原料采购、菜点烹调制作及宴会服务必须依据菜单开展。如果是大型宴会，菜单拟定之后，经获准即可开始筹划。通常菜单一桌三份或两份，至少每桌一份，讲究的也可每人一份。即使只有一桌宾客或是临时宴请，没有打印纸质菜单，厨师也要在了解宴会客情之后，制作与之相适应的菜肴，切不可不循章法、马虎对待。

2. 宴会菜单是顾客与服务人员进行沟通的有效工具

服务人员为顾客推荐宴会菜单，介绍菜点和饮品；顾客和服务人员通过菜单进行交流，信息得到沟通。有的餐厅与宴会厅兼用的酒店没有设计专门的宴会菜单，只靠餐厅经理或厨师长根据顾客的消费标准和本餐厅原料情况，拟订个临时"菜单"并交由厨师制作，顾客无法与服务人员沟通详细宴会客情。实践证明，这种沿袭旧的经营方式、所谓灵活"下单子"的做法，很难让顾客满意。在宴会进行过程中，在按菜单提供宴会产品与服务的同时，服务人员与顾客之间的沟通依然应不间断。

3. 宴会菜单直接影响宴会经营的成果

一份合适的宴会菜单，是宴会菜单设计人员根据餐饮企业的经营方针，认真分析客源和市场需求之后制定出来的。宴会菜单一旦制定成功，餐饮企业的工作就可以按照既定的经营方针顺利进行，宴会菜单能够吸引众多的目标顾客，为企业创造利润。

4. 宴会菜单是宴会推销的有力手段

餐饮企业或酒店餐饮部应备有多种宴会菜单，同时又能根据顾客需求设计宴会菜单，供顾客选择，使顾客因菜单产生强烈的消费欲望，达到推销宴会的目的。另外，印有本企业名称和电话的套宴菜单、一次性宴会菜单、美食节宴会菜单或设计精美的纪念性菜单，既可以宣传企业，又可以推销宴会。有的宴会菜单上甚至还会详细注明菜肴的原材料、烹饪技艺、服务方式、特色等，并配有彩图，以此来表现餐饮企业的特色，给顾客留下良好、深刻的印象。

二、宴会菜单的类别

根据宴会档次，宴会菜单可分为高档宴会菜单和一般宴会菜单。菜点品种少的低档次宴会，每道菜的分量要多些。而宴会规格越高，菜单菜点数目总量越多，品种和形式就越丰富，制作方法越精巧。宴席菜点数目多，每道菜的分量就应减少；反之数目少，每道菜的分量就应增加。

（1）高档宴会菜单。菜点多取原料精华，山珍海味类约占40%，配置知名度较高的风味特色菜点，花色彩拼和工艺大菜占较大比例，餐具华美，命名雅致，席面丰富多彩，环境高雅，服务讲究，礼仪规范，文化气息浓郁。

（2）一般宴会菜单。菜点原料为优质的鸡、鸭、鱼、虾、肉、时令蔬果与精细粮豆制品等，山珍海味类约占20%。以地方名菜为主，重视风味特色，餐具整齐，席面丰满，格局较为讲究，餐厅环境和服务较好。菜肴制作简单，注重实惠，讲究口味，菜名朴实。

宴会应按每人平均能吃到500 g左右的净料来计算宴会需要的总净料，然后确定每个菜点所用原料的数量、品质、主配料比例。宴会菜点的数目应与宴会目的相一致，喜宴、寿宴、一般宴会菜点都应该是双数，尤其是总数必须是双数。以十人宴为例，一席宴会菜点数目应控制为15~23个（含冷菜、热菜、点心和水果），不同档次宴会菜单各类菜点及成本的比例见表2-2-1。

表2-2-1　不同档次宴会菜单各类菜点及成本比例

宴会菜单类别	冷菜	热菜	点心和水果
高档宴会	20%~25%	70%~65%	10%
一般宴会	10%~15%	85%~80%	5%

价格是宴会规格和档次的决定性因素，没有价格标准是无法进行宴会菜单设计的。因为宴会定价决定了菜点原料的选用、菜点的数目、加工工艺的选择及成品的规格要求，菜单的成本核算也必须在确定售价、规定毛利率的前提下进行。所以，在宴会菜单设计前要清楚地知道所要设计的宴会菜单类别。

三、中式宴会菜单结构

中式宴会菜单结构有"龙头、象肚、凤尾"之说。冷菜通常以造型美丽、小巧玲珑的"单碟"为开场菜，它像乐章的"前奏曲"般将食者吸引入宴，可起到先声夺人的作用；热菜为品种丰富的佳肴，是宴会最精彩的部分，像乐章的"主旋律"一样引人入胜；面点、水果则锦上添花，如凤尾般绚丽多姿；而统率整套菜点的则是头菜。

不论何种宴会菜点，其内部结构大致相同，至于差异，主要在于食品原材料和加工工艺的不同。中式宴会菜点的结构必须把握"三突出"原则和组配要求，即在宴会菜点中突出热菜，在热菜中突出大菜，在大菜中突出头菜。宴会菜点的组配必须富于变化，有节奏感，在菜与菜之间的配合上，要注意荤素、咸甜、浓淡、软硬、干稀的协调，使之相辅相成，浑然一体。掌握中式宴会菜单的结构，有助于我们设计出符合宴会主题和满足顾客需求的宴会菜单。

1. 冷菜

冷菜又称冷盘、冷荤、凉菜等，是相对于热菜而言的。冷菜的形式有单盘、拼盘、花碟等，属于佐餐开胃的冷食菜，其特点是讲究调味、刀工与造型，要求荤素兼备、质精味美。

（1）单盘。单盘又称单盆、单碟，一般使用直径为 16～23 cm 的圆盘、条盘或异形盘盛装，每盘只装一种冷菜，每席根据宴会规格、档次设六单盘、八单盘或十单盘，多为双数。装盘造型有扇形、风车形、拱桥形、馒头形、条形、菱形、心形等。各单盘之间交错变换，荤素搭配，量少而精，用料、技法、色泽和口味皆不重复。单盘是目前中式宴会中最常用且又最实用的冷菜形式。

（2）拼盘。每盘由两种物料组成称双拼，由三种物料组成称三拼，由六种以上物料组成称什锦拼盘，如潮州筵席中的卤水拼盘，四川传统筵席中的九色攒盒（一种将底盘分成九格的有盖盒子，是盛装冷菜的专用餐具）。拼盘排列整齐有序，色彩搭配鲜明，味型协调一致，刀面精细均匀，既有花碟的审美效果，又比花碟制作简便。

（3）花碟。花碟又称彩拼、花色冷盘或艺术拼盘。花碟有时配有围碟，围碟类似小型单盘，是主盘的陪衬，以形成众星捧月之势，每盘菜量一般为 100～150 g。花碟能增添宴会气氛，工艺性强，但费时、费力、费料。花碟挑选特定的冷菜制品，运用一定的刀工技术和装饰造型艺术，在盘中镶拼出花鸟、山水、建筑、器物等图案。花碟的设计常与办宴目的即宴会主题相关联，如婚宴多用"鸳鸯戏水"，寿宴常用"松鹤延年"，迎宾宴会多用"满园春色"，祝捷宴会多用"金杯闪光"。尽管花碟是以食用为前提拼制而成的，但上席后顾客往往只"目食"，而不忍下箸，所以目前多数餐厅举办宴会都会舍弃花碟，而以风味独特、食用性强的单盘或拼盘代替，如酱鸭、糟卤拼盘等，这类冷菜经刀工处理后，拼摆成整形，略加点缀，色、香、味、形俱佳，颇受市场青睐。

2. 热菜

热菜一般由热炒、大菜组成，它们属于宴会整套菜点的"躯干"，质量要求较高，排菜应跌宕变化，节奏好似浪峰波谷，逐步将宴会推向高潮。

（1）热炒。热炒一般排在冷菜后、大菜前，起承前启后的过渡作用。它多为速成菜，以色艳、味美、鲜热、爽口为特点，一般是 4～6 道。有单炒、拼炒（即两种或两种以上菜拼装）等形式。热炒原料多为鲜鱼、畜禽或蛋奶、果蔬，主要取其质地脆、鲜、嫩的部位，加工成丁、丝、片或者刀花形状，采用炸、熘、爆、炒等快速烹制方法，大多是在 0.5～2 分钟内完成。为快速烹制，常用旺火热油、兑汁调味，使成菜脆美爽口。每道菜所用净料多为 300 g 左右，用直径为 26～30 cm 的平圆盘或腰盘盛装。热炒可以连续上席，也可以间隔在大菜中穿插上席，一般质优者先上，质次者后上，突出名贵物料；清淡者先上，浓厚者后上，防止口味的互相抑制。

（2）大菜。大菜又称主菜，是宴会中的主要菜点，通常由头菜、热荤大菜（包括山珍菜、海味菜、禽蛋菜、肉畜菜、水产菜）组成，根据宴会的档次和需要确定数量。其成本约占宴会菜点总成本的 50%～60%，有着举足轻重的地位和作用。大菜原料多为山珍海味或鸡鸭鱼肉的精华部位，一般是用整件（如全鸡、全鸭、全鱼）或大件拼盘（如 10 只翅膀、12 只鹌鹑），置于大型餐具（如大盘、大盆、大碗）之中，菜式丰满、大方，有较强的视觉冲击力。烹制方法主要是烧、扒、炖、焖、烤、蒸、烩等，需经过多道工序，持续较长时间方能制成，成品要求或香酥、或鲜嫩、或软烂，在质与量上都超出其他菜点。大菜一般讲究造型，名贵菜肴多采用按位上菜的形式上席，可以随带点心、味碟，具有一定的档次。每盘用料一般都在 750 g 以上。上菜有一定的程序，菜名也较讲究。

1）头菜。头菜是整席菜点中原料最好、质量最精、名气最大、价格最贵的菜肴。它通常排在所有大菜的最前面，统帅全席。头菜成本过高或过低，都会影响其他菜肴的配置。头菜的等级高，热炒和其他大菜的档次也随之提高；头菜等级低，其他菜式的档次也随之降低，故审视宴会菜品的档次常以头菜为标准。鉴于头菜的特殊地位，故其原料多选山珍海味或常用原料中的优良品种。另外，头菜应与宴会性质、规格、风味协调，照顾主宾的口味，并与餐厅的技术专长结合。头菜出场应当醒目，盛器要大，装盘丰满，注意造型，服务人员要重点加以介绍。

2）热荤大菜。热荤大菜是大菜中的支柱，宴会中常安排 2～5 道，多由鱼虾、禽畜、蛋奶以及山珍海味组成。它们与甜食、汤羹联合，共同烘托头菜，构成整桌筵席的主干。不论热荤大菜档次如何，都不可超过头菜，各道热荤大菜之间也要搭配合理，原料、口味、质地与制法协调，要避免重复。菜品汤汁量多的，须选容积较大的器皿，有些菜品还须配置相应的味碟。此外，热荤大菜的分量也要相称，通常情况下，每份用净料 750～1 250 g；整形的热荤菜，由于是以大取胜，故用量一般不受限制，像烤鸭、烤鹅等，越大越显得气派。

3. 面点

面点是以米、面、豆、薯等为主料，肉品、蛋奶、蔬果等作辅料，以一定工序制成的食品。宴席面点辅助冷菜和热菜，补充以糖类为主的营养素，使宴会食品营养结构平衡。宾客在用餐尾声，欣赏、品尝点心，留下美好回味。我国面食品种繁多，以面条而论，就有数百种花色。宴会中配以当地的著名面食，有的能展示当地特色或民族风情，有的能体现宴会主题，如寿宴必备面条或桃形馒头，称"寿面"或"寿桃"。宴会面点要注重款式和档次，讲究造型和配器，玲珑精巧，既要有食用价值，也要有观赏价值，要求造型美观、装盘精致、口味独特、寓意美好。宴会面点通常安排 2~4 道，随冷菜、热菜一起编入菜单中，品种有糕、团、饼、酥、卷、角、皮、包、饺、奶、羹等，常用的制法为蒸、煮、炸、煎、烤、烘等。面点一般在就餐后期上席，也可与热菜穿插上席。

4. 水果

宴会选配水果多用新鲜时令水果，如苹果、香蕉、橙子、猕猴桃、哈密瓜等，上席之前，多对这些水果进行刀工处理，摆成拼盘。艺术果盘上席时摆上水果叉，表示宴会即将结束。高档宴会流行水果切雕，即运用多种刀具，按照一定的艺术构思，将瓜果原料加工成具有观赏价值和象征意义的食用工艺品，并进行文学命名，如"一帆风顺"等。瓜果切雕能起到画龙点睛、锦上添花的作用。

5. 酒水

（1）酒水。酒可以刺激食欲，助兴添欢。劝酒搭配冷碟，佐酒跟上热菜，解酒辅佐甜食和蔬菜，汤品和果茶醒酒，主食压酒。常见的中式宴会常用酒类有啤酒、中国白酒、黄酒、葡萄酒等。其中中国白酒和黄酒是具有中国特色的酒类。中国白酒是以谷物为原料，经发酵、蒸馏制成的蒸馏酒，常见香型有酱香型、浓香型、清香型、米香型和兼香型。黄酒是用糯米、粳米等谷物作原料，用麦曲、小曲做糖化发酵剂制成的酿造酒，与啤酒、葡萄酒并称世界三大酿造酒。

（2）软饮料。宴会中常见的软饮料有矿泉水、果蔬饮料、碳酸饮料、乳品饮料等。矿泉水是指含有一定量矿物盐、微量元素或二氧化碳的地下水。果蔬饮料具有原料天然、营养丰富、色泽诱人、制作便捷、易于人体吸收等优点。碳酸饮料具有刺激胃液分泌、促进消化、增强食欲的作用，适合冰镇饮用。乳品饮料以牛奶为主要原料加工而成，常见的有新鲜牛奶、乳饮、发酵乳饮等。

（3）茶。迎宾茶由餐厅作为服务程序配备，不收费；点用茶由宾客点用，需收费。饮茶要尊重宾客风俗习惯，如华北地区喜花茶、东北地区喜甜茶、长江流域地区喜绿茶、岭南地区喜青茶等。开席前和收席后都可以上茶，餐后如宾客谈兴正浓，可以上茶助兴，增色添香，清口开胃，解腻醒酒。

四、主题宴会设计类型

主题宴会设计要突出主题。主题不同，菜点及菜点命名应有所变化。

1. 婚宴

中国人把婚姻当作是人生旅途中的一件大事，婚宴通常具有以下特点。

（1）婚宴是人生中的重要仪式。婚宴是人生中最重要的一次家宴，婚宴除了喜庆还要表达感谢，因此在布置上要求既隆重又喜气洋洋，在菜式的选料与数目上要符合当地的风俗习惯，菜名要寓意吉祥美好。要重视菜单编排，民间有"喜事排双，丧事排单，庆婚要十，贺寿要九"的习俗。

（2）婚宴是婚礼的组成部分。许多地方把婚宴作为婚礼的必要一环，有一套约定俗成的仪式。

（3）婚宴要突出喜庆气氛。婚宴气氛要喜庆、热闹，大红囍字悬挂中央，大厅两旁布满鲜花，红色地毯铺满主道，突出新郎新娘主桌。菜品原料应有红枣、莲子、百合，寓意早生贵子、百年好合，菜名用"鸳鸯鳜鱼""早生贵子""知音丝萝"等来突出婚庆主题。

（4）婚宴类型多种多样。传统型婚宴，菜式丰富实在，菜名吉祥如意，菜点数目较多，追求丰足实惠。高档型婚宴，菜式既有传统菜，又有流行名贵菜，数目较多，追求高品质。浪漫型婚宴，菜式组合随意，多为流行菜点，数目不讲究，追求过程浪漫。不同文化背景的顾客，对婚宴的菜点有不同的要求。

（5）赴宴人数众多。一般参加婚宴的人数较多，婚宴规模较大、规格较高，要根据大型宴会的特点来操办。

2. 生日宴

生日宴是人们为庆祝生日而举办的宴会。生日宴具有如下特点。

（1）生日宴有特殊纪念意义。出生办满月酒，感谢亲朋好友的贺喜，向亲友送红蛋；周岁办宴，祝愿前程似锦；三十而立办宴，寓意大展宏图；八十寿宴，恭贺福如东海、寿比南山。

（2）生日宴要突出健康长寿主题。环境布置、菜点出品要突出健康长寿，如冷菜拼盘用"松鹤延年"，主食配寿桃、寿面等。

（3）菜式应老少皆宜。此类宴会都是全家出席，在菜式安排中必有数款是主人平时最喜爱的菜点或食俗中必备的菜点，但其他菜式要兼顾老少，众人皆宜。

3. 节庆宴

节庆宴是人们为欢庆节日而举办的宴会。节庆宴具有以下特点。

（1）举家设宴团聚。逢年过节去酒店设宴团聚的顾客越来越多，因各家家庭人数有限，几家合聚的比例也在提升。顾客对菜点的个性化要求多，菜式安排要注意兼顾老、中、小的口味特点。注意出菜顺序，通常香的、炸的菜点要先上，接着是软的、酥的菜点，后面再跟着炒的、硬的菜点，最后以甜的菜点收尾。

（2）突出节庆氛围。选用具有节日特点的装饰物来布置宴会厅，如春节张贴春联、悬挂彩灯、摆放金橘树等，端午节以仿制龙舟、礼盒米粽、菖蒲艾草、五彩丝线装饰，中秋节以月饼礼盒、嫦娥玉兔造像、桂花食品装点。节庆宴可针对不同节日的特点及各个节日所处的季节，推出既沿袭传统又新颖独特的菜单。

4. 庆贺宴

庆贺宴主题明确，具有如下特点。

（1）喜庆气氛浓郁。庆贺宴指一切具有纪念、祝贺意义的宴会，如乔迁之喜宴、开业庆典宴、庆功贺喜宴、金榜题名宴、毕业庆典宴等，具有浓郁的喜庆氛围。

（2）突出主题。根据不同主题，有针对性地布置环境和设计菜单，如开业庆典宴安排发财圆子、元宝鸭子和金钱豆腐等菜点。

5. 商务宴

商务宴的消费标准大都比较高，已成为餐饮企业宴会经营的主要内容之一，具有以下特点。

（1）皆为商务目的。商务宴设计的复杂性是由宴会主宾的复杂心态和具体不同的宴请目的决定的。商务宴是各类企业为了一定的商务目的而举行的宴会，其目的既可以是建立业务关系、增进了解或达成某种协议，也可以是交流商业信息、加强沟通与合作或达成某种共识。

（2）消费档次较高。商务宴请价格较高，菜单设计精美，菜品规格较高，就餐环境高雅，就餐过程中不愿受他人打扰，要求服务细腻、周全。

（3）营造洽谈气氛。商务宴在环境布置、菜品选择上要突出主宾双方共同的喜好，表现双方的友谊，使商务洽谈在良好的气氛和环境中进行。商务宴要根据宾客的情况调整上菜节奏。

6. 酬谢宴

酬谢宴是为了感谢曾经或即将提供帮助的宾客而举办的宴会，常见的有谢师宴、答谢宴和升迁宴。酬谢宴具有表达感激之情、讲究品位等特点，应根据主题设计菜单，如谢师宴安排"金榜题名"拼盘、"鱼跃龙门"菜肴等。

■ 学习单元 3　宴会菜单设计的原则和方法

人们常说宴会菜单是艺术、科学及文化的结合。宴会菜单上的菜品是根据一定的要求，依据一定的原则，采用合适的方法，精心组织在一起的，菜单设计是一项系统工程。在制作宴席之前，需要设计好菜单，只有这样，宴席的制作过程才有可能井然有序，制作好的宴席才能收到最佳效果，让顾客满意，让餐厅经营见成效。

一、宴会菜单设计的指导思想

1. 科学合理

科学合理是指在宴会菜单设计时，既要考虑到符合顾客饮食习惯，又要考虑到宴会膳食组合的科学性。宴会膳食不是山珍海味、珍禽异兽、大鱼大肉的堆砌，不能有炫富摆阔、华而不实等错误的消费观念，要注重宴会菜单文化性、科学性与艺术性的统一。

2. 整体协调

整体协调是指在宴会菜单设计时，既要考虑菜点间的相互联系与相互影响，更要考虑菜点与整个菜单的相互联系与相互影响，有时还要考虑与顾客对菜点的需要相适应。强调整体协调的指导思想，意在防止顾此失彼、只见局部不见整体等现象的发生。

3. 丰俭适度

丰俭适度是指在宴会菜单设计时，要正确引导宴会消费：菜点数量丰足或档次高，但不浪费；菜点数量偏少或档次低，但保证吃好吃饱。丰俭适度，有利于倡导文明健康的宴会消费观念和消费行为。

4. 确保盈利

确保盈利是指餐饮企业要把自己的盈利目标贯穿到宴会菜单设计中去。要做到双赢，既让顾客从菜点中得到满足，利益得到保护，又要通过合理有效的手段使菜单为企业带来应有的盈利。这是必须明确的菜单设计指导思想。

二、宴会菜单设计的原则

1. 以顾客需要为导向

在宴会菜单设计中，需要考虑的因素有很多，但设计的中心永远是顾客的需要。"顾客需要什么？""怎样才能满足顾客的需要？"这是在设计过程中必须回答和解决的问题。

首先，要了解顾客对宴会菜点的期望。顾客在酒店举办宴会，目的、期望各不相同，有人讲究菜点的品位格调，有人想的是丰足实惠，有人意在尝鲜品味，等等。要通过宴会菜单设计，想顾客之所需，实现顾客对宴会菜点的期望。

其次，要了解顾客的饮食习惯、喜好和禁忌。出席宴会的顾客生活习惯各不相同，对于菜点的选择，也各有不同的喜好与禁忌。在菜单拟定前了解这些信息，有利于宴会菜点种类的确定。在同一地区生活的人，既有共同的饮食习惯、喜好和禁忌，也因职业、性别、体质、个人饮食习惯的不同而有差异。对于生活在不同地区的人而言，口味喜好则差异很大，如川湘人喜辣、江浙人偏甜、广东人尚淡、东北人味重。同样，不同民族与宗教信仰的人饮食禁忌也有差异。招待外国宾客，需要了解其国籍及其饮食习惯，区别对待，尊重习俗。要准确掌握宾主的需要，特别要了解宾客、主人及主要陪同者的饮食习惯和他们对菜点的期望。要把一般性需要和特殊需要结合起来考虑，这样菜单上的菜点安排会更有针对性，效果也会更好。

2. 服务宴会主题

人们举办宴会有不同的目的和期待，表达某种愿望，如欢迎、答谢、庆功、美满、长寿、富足、联谊、合作等，因而宴会的主题便有不同。宴会主题不同，反映在宴会菜单中，其菜点原料选择、菜点造型、菜点命名等方面也有区别。例如，以鱼为主料的菜点，在岁时家宴上为讨口彩取名"年年有余"，在婚宴中为表示对新人的美好祝愿取名"鱼水情深"。又如，"松鹤延年"冷盘适合寿宴，却不适合婚宴。所以，宴会菜单要为宴会主题服务，要围绕宴会主题进行设计。

3. 质价相符

宴会售价是确定宴会菜单菜点档次的决定性因素，这是宴会菜单设计的基础依据。宴会售价虽然不会影响菜点烹饪质量，但却会影响到原料选用、原料配比、加工工艺选用、菜点造型等诸多方面。价格标准高的宴会，所用原料价高质优；配料时多用主料，不用或少用辅料；烹制工艺也会受到定价的影响。以鸭子为例，高档宴会可能做成烤鸭，普通宴会可能做成红烧鸭块。盛器装盘精致，菜点造型美观，也是高价格标准的宴会菜点与中低档宴会菜点的不同之处。

4. 数量与质量相统一

宴会菜点的数量是指组成宴会的菜点总数与每份菜点的分量。一般来说，在总量一定的情况下，菜点的数目越多，每份菜的分量就越小，反之数目越少，每份菜的分量就越多。菜点的数量多，并不意味着宴会档次高。宴会菜点数量应与参加宴会的人数及其需要量相匹配。在数量上，一般是以每人平均能吃到约 500 g 净料，或以每人平均能吃到 1 000 g 左右熟食为标准估算的。把握菜点数量还应考虑以下因素。

（1）根据宴会类型确定数量。有的宴会类型，针对不同地区、不同人群已有了约定俗成的数量标准。例如，有些地区的婚宴有 8 道单碟冷菜、4 道热炒、8 道大菜、2 道点心、1 道水果的习俗，一般的商务宴会是 6 道冷菜、8 道热菜、2 道点心、1 道水果。虽然宴会菜点的数目没有统一标准，但从目前餐饮企业经营宴会的情况来看，一场宴会设计 15～23 道菜点的居多。

（2）根据出席宴会的对象确定数量。出席宴会的对象群体不同，对宴会菜点的数量需求也有差异。一般情况下，青年人比老年人食量大，男士比女士食量大，体力劳动者比脑力劳动者食量大。因此，宴会菜点数量的多少，要根据参加宴会群体的总体特征进行有针对性的设计。

（3）根据顾客提出的需求确定数量。宴会举办者的目的不同，请客赴宴的意义不同，对菜点数量也会有不同的要求。一般的宴请，要求数量丰足；高档的宴请，要求量少而精致；以品尝为目的的，要求菜点的数目多一些，每道菜点分量少一些；以聚餐为目的的，既要求菜点数目多一些，也要求分量多一些。

影响宴会菜点数量设计的因素各有不同，数量标准也只是相对的，把控的关键是数量多而不浪费，数量少而够食用，令顾客既饱餐一顿又回味无穷。

5. 膳食平衡

从饮食健康角度看，宴会提供的是一餐的膳食。所以，膳食平衡的原则必须落实到宴会菜单的设计中。

（1）必须提供膳食平衡所需的各种营养素。宴会菜点是由多种原料烹制加工而成的，其营养素种类是否齐全、品质是否优良、数量是否充足、比例是否合理是特别重要的，会直接影响对人体的营养效用。在菜单设计中，要以科学的膳食营养观来编排菜点，要改变以荤菜为主的旧模式，增加蔬菜、粮食、豆类及其制品、水果原料的使用，提供膳食平衡所需的各种营养素，达到既合理营养又节约食物资源的目的。

（2）采用合理的加工工艺烹制菜点。宴会菜点应该是美味与营养的统一体，它既可口诱人，能刺激食欲，又含有多种营养素，能被人体消化吸收和利用，有利于人体健康。在编排宴会菜点组合时，要从营养的角度，对原料的性状与选用、菜点加工与烹调方法等综合进行考虑。要设计最合理的加工工艺流程，使美味和营养统一于菜点之中。

（3）要从顾客的营养需求角度出发设计菜点。顾客对宴会的营养需求因人而异，不同性别、年龄、职业、身体状况的顾客，对营养的认识与需求不尽相同。但宴会菜点的营养设计，不是针对某一顾客个体，而是针对某一顾客群体的基本需要，所以，应从总体上把握营养结构平衡及其合理性。

6. 以实际条件为依托

宴会菜单设计建立在市场原料供应、餐饮企业生产设施设备、厨师技术特点和水平等条件的基础上。

（1）市场原料供应情况是宴会菜单设计的物质基础。市场上的原料供给情况包括品质、价格、产地信息和供应数量，这些都是在菜单设计前需要充分了解的。在设计菜单时，应选用货源供应充足且应时应季的原料。

（2）餐饮企业的生产设施设备是宴会菜单设计的必要条件。菜点的生产需要配备相应的设施设备。在进行宴会菜单设计时，要根据现有设备条件，充分发挥设备的功能，选择与其功能相匹配的菜点。

（3）厨师的技术特点和水平是宴会菜单设计的关键性因素。有原料、设备，还必须要有技术精湛的厨师才能生产出菜单设计的菜点。菜点质量是宴会菜单的生命线，而厨师的技术特点和水平是菜点质量的保证。所以，在宴会菜单设计时，必须根据厨师队伍技术特点和技术水平，选择厨师能够保证制作质量的、最拿手的菜点，编排到菜单中去。

7. 风味特色鲜明

宴会菜单设计必须彰显餐饮企业的风味特色。如果菜单上的菜点是"人有我也有"的，那就没有任何特色，没有特色的菜单就没有市场号召力。菜单上的菜点不仅要做到"人有我优"，更要做到"人无我有"。要让顾客既能感觉到，又能实际体验到；不仅要顾客赞赏它，还要顾客折服于它。当然，风味特色鲜明并不是说宴会菜单上的菜点，每一个都是特色菜、品牌菜，设计成"名菜荟萃"。风味特色鲜明，首先是要有主线，要靠主线将所有菜点串起来。之后是要分主次，主要的是亮点，亮点要光芒四射，突显的是精彩性；次要的是铺垫，体现的是多样性。

8. 菜点多样化

宴会菜单直接体现的是菜点之间的有机联系，这种联系最直接的表现就是"和而不同"的丰富性。换言之，在宴会菜单设计时要从不同的方向去选择菜点。首先是原料多样化，这是菜点多样化、膳食平衡的原料基础。其次是加工方法的多样化，要从刀工、原料配伍、制熟方法等方面对原料进行处理，这样才能形成菜点风味的多样化。最后是菜点在色彩、造型、香味、口味、质感等感官质量方面的多样化：在色彩方面，采用单一色彩、对比色彩、相似色彩和多种色彩构成法，呈现色彩的丰富与协调；在造型方面，遵循美学法则，采用不同的手法，塑造出或抽象或具象、美观大方的多种造型；在香味方面，有浓有淡，有隐有显；在口味方面，有多种味型的精彩呈现；在质感方面，有软、烂、脆、嫩、酥、滑、爽等多种组合。

三、宴会菜单设计的方法

宴会菜单设计的方法和过程，分为宴会菜单设计前的调查研究、宴会菜单菜点设计和宴会菜单设计的检查三个阶段。

1. 宴会菜单设计前的调查研究

在着手进行宴会菜单设计之前，必须做好与宴会相关的调查研究工作，以保证菜单设计的可行性、针对性和质量。调查研究主要是了解和掌握与宴请活动有关的情况。调查越深入，了解的情况越详尽，菜单设计就越能与顾客的要求相吻合。调查的方法主要采用询问法，即向宴会活动的经办人或主办人直接询问，询问的形式通常为面洽，也可通过电话、电子邮件等方式进行询问。

（1）调查的一般内容。

1）宴会的目的、性质、主办人。

2）宴会的用餐标准。

3）出席宴会的人数或宴会的席数。

4）宴会的日期及宴会开始的时间。

5）宴会的类型选择，是中式、西式、中西结合式、冷餐会、鸡尾酒会还是茶话会。如是中式宴会，按主题可分为婚宴、生日宴、节庆宴、庆典宴、商务宴、酬谢宴等。

6）宴会的形式是设座式还是站立式，是分食制、共食制还是自助式。

7）出席宴会宾客的风俗习惯、生活特点、饮食喜好与禁忌，有无特殊需要，等等。

8）结账方式。

（2）高档宴会调查的内容。对于高档宴会，除了解上述几方面的内容外，还要对以下情况做调查询问，以便掌握更详尽的宴会信息。

1）宴会的主题和正式名称。

2）宾客的年龄、性别、人员构成情况。

3）主办人对宴会活动内容、形式及程序的安排，对酒店礼宾礼仪的要求。

4）是否需要摆放席次卡、座位卡。

5）对宴会餐厅设施设备、环境布置的要求，如致辞、祝酒用的致辞台，供演奏音乐、文艺表演的舞台及对灯光、音响的要求；对餐厅内环境的布置，如会标、台面台型设计、鲜花和盆栽绿植等的要求。

6）其他特殊要求。

（3）相关资料内容。在调查宴会情况的过程中，为了让顾客了解酒店提供的宴会菜点、服务项目及有关规定，宴会设计或预订人员还必须快速准确地回答顾客有关宴会方面的询问，提供相关资料，通常包括以下几方面内容。

1）不同档次的各类宴会的菜单、特色宴会菜单，或可变换、可替补的菜单。

2）菜单中菜点的内容，特别是主要菜点如特色菜、时令菜、名菜以及推荐菜的内容，并说明菜点的价格，提供菜点的彩色照片。

3）可供不同消费水平群体选择的酒单及实物彩色照片。

4）宴会消费标准，如中西餐宴会、酒会或茶话会等的消费标准，高级宴会人均消费标准，宴会厅或宴会间的收费标准，等等。

5）宴会厅或宴会间的规模、风格及各种设备设施情况，宴会厅或宴会间的彩色照片，以及宴会厅或宴会间的使用排期情况。

6）针对不同消费标准的宴会，酒店所能提供的所有配套服务项目和设备。

7）场地、环境布置、台型摆放的实例和彩色照片。

8）宴会主办人提出的有关宴会的设想以及在宴会上拟安排的活动，能否得到实现。

9）宴会预订金的收费规定，提前、推迟、取消宴会的有关规定。

（4）信息材料的分析研究。在充分调查的基础上，要对获得的各方面的信息材料加以分析研究。首先，对有条件或通过努力能办到的，要给予明确肯定的答复，让顾客放心；对实在没条件又不能协调办到的，要向顾客作出解释，使他们的期望和企业现实条件相协调。其次，要将与宴会菜单设计直接相关的材料和与宴会其他方面设计相关的材料分开来处理。最后，要分辨宴会菜单设计有关信息的主次、轻重关系，把握急办与缓办事项的相互关系。例如，有的宴会预订的时间早，菜单设计有充裕的时间，可以做好充分准备；而有的宴会预订只提前了几小时，甚至是现来现办的，菜单设计的时间仓促，因此必须根据当时的条件，以尽量满足顾客需求为前提设计宴会菜单。又如，对于高规格的豪华宴会或重要接待宴会，宴会菜单设计要尽力满足办宴人提出的全部要求。而对于常规宴会，虽然办宴人相应的要求较低，但也应在积极沟通的基础上，尽量满足其要求。

总之，分析研究的过程是一个协调酒店与顾客关系的过程，是为有效地进行宴会菜单设计理清思路，明确设计目标、设计思想、设计原则，准确掌握设计依据的过程。

2. 宴会菜单菜点设计

（1）确定设计目标体系。设计目标是宴会菜单的主观设想，是在头脑中形成的一种主观意识形态，也是活动的预期目的，为活动指明方向。宴会菜单的主观设想，由一系列的指标来细化表述，它们构成了对应的指标体系，反映了宴会的整体状态。例如，构成宴会菜单的菜点，要用原料、成本、加工工艺要求、质量、价格等一系列具体指标来表述，这些指标体系整体反映宴会菜点的风貌和特性。宴会菜单设计目标是一个分层次的目标体系结构，即在核心目标之下有好几个层次的分级目标。各个层次的目标相互联系、相互制约，共同构成宴席菜点的整体结构。

首先，一级目标应该是由宴会的价格、宴会的主题及菜点风味特色共同决定的。例如，阳春三月、桃红柳绿之季，杭州某酒店承接了每席 2 888 元、共 10 桌的婚宴订单。根据订单情况，此宴会菜单设计一级目标应确定为：2 888 元的春季杭帮菜风味"结婚喜宴"。因为，春季、婚宴主题、2 888 元的标准和杭帮菜风味特色，都是影响宴会菜单中菜点选用的核心要素，缺少其中任何一项，宴会菜单都将是不完整的，甚至是不能实现的。

其次，二级目标是在一级目标的指导下，根据优化原则，按照主次、从属关系来决定的。所以，二级目标应确定为反映菜点构成模式的宴会菜点格局。现代中式宴会菜点的构成模式有很多种，比较通行的一种模式是由冷菜、热菜、面点、水果和酒水五个部分组成，有的模式将热菜分成热炒菜和大菜两个类别，有的将汤菜单独列出，有的将甜菜单独作为一个部分或将其纳入大菜中去考虑，有的将主食与点心分开单列。有的地区还有相对固定的宴会格局，如川式宴会菜点格局即是由冷菜、热菜、点心、饭菜、小吃、水果六个部分组成，广式宴会菜点格局则是由开席汤、冷菜、热菜、饭点、水果五个部分组成。尽管宴会菜点格局各有不同，但一个宴会在绝大多数情况下只能选择一种菜点格局。

再次，有了宴会菜点格局，就能确定三级目标，即各部分菜点数目、荤菜素菜的比例、味型的种类和成本比例。以菜点数目和形式为例，冷菜有什锦拼盘的形式，有 6 ~ 8 个单菜单盘的形式，有 6 ~ 8 个单盘对拼或 4 ~ 6 个三拼或四拼的形式，也有各客组合碟的形式等；热炒菜有 2 ~ 4 道的形式；大菜有 6 ~ 10 道的形式；甜菜有 1 ~ 2 道的形式；水果有 1 道拼盘直接上席的形式，有 2 ~ 4 个种类水果拼盘各客服务的形式。总之，不管选用何种组合方式，确定每一部分菜点的数目，及菜点间的搭配比例，是三级目标中不可缺少的内容。此外，每一部分菜点的成本占整个宴会菜点成本的比例应均衡，某一部分菜点成本比例过大，会影响其他部分菜点的选用。

最后，第四级目标应该是单个具体菜点的确定，这是对以上三级目标的分解细化。作为单个菜点，其目标构成有菜点名称、原料及构成数量比例、烹饪加工方法及标准、成品质量及风味特色、菜点成本等。第四级目标实际上是具体菜点及其内容的组合。

　　建立目标体系对于宴会菜单设计是至关重要的，有了明确的目标体系，才能实现菜单设计的整体目标。建立目标体系有不同的方式，但有两条原则应该遵循：一是要优化筛选目标，即尽量减少目标的个数，把不需要优化的目标变为约束条件，使目标系统有一个单一的综合目标；二是分析各目标的重要性，区别"必须达到的"和"期望达到的"两类目标，按照主次、轻重关系有序排列。

　　（2）确定菜点组合。确定菜点组合是目标体系的具体落实，是一项重要的设计工作。任何一份宴会菜单都是由一道道的具体菜点组成的，然而，具体的菜点有很多种类，如何从这许许多多的菜点中挑选出一定数量的合适菜点并把它们有机地组合起来，这就需要在宴会菜单设计原则的指导下，围绕宴会菜单目标体系，采用最适合的组合方法。现将常用的几种组合方法介绍如下。

　　1）围绕宴会主题选菜点。宴会主题确定后，菜点原料、加工工艺、菜点色彩搭配、造型形式及菜点的命名，都随之受到一定的影响。如在"大展宏图宴"（开业庆贺宴）中，蟹粉狮子头又可称为"红运当头"，此菜装盘时，要将蟹粉覆盖在肉丸上，这样其色、形、意与"红运当头"更为贴切。由此可见，选择菜点时紧扣宴会主题的重要性。

　　2）围绕价格标准选菜点。设计时，要始终围绕宴会的价格标准，选用不同价格水平的菜点。即价格标准低的宴会，要多选用价格水平低的菜点；价格标准高的宴会，则要多选用价格水平高的菜点。在设计时，还要注意结合顾客的需要，综合考虑菜点搭配、烹调方法、味型等因素。

　　3）围绕主导风味选菜点。宴会菜点的主导风味是由菜点反映出来的一种倾向性特征。例如，淮扬菜点主导风味是清淡平和，川式宴会菜点主导风味是刚柔相济，广式宴会菜点主导风味是清新华丽，山东宴会菜点主导风味是厚重质朴。要确立最能反映主导风味的主要菜点，并围绕主导风味这根主线去选用"和而不同"的其他菜点，这就是围绕主导风味选菜点方法的基本含义。

　　4）围绕主干菜选菜点。所谓主干菜，是指在宴会菜点中能够起支撑作用的菜点。围绕主干菜选择菜点，就如同构建房屋的框架结构一样，在不同档次宴会的每一部分菜点里，都有若干个菜点将这一部分支撑起来。以大菜为例，其主干菜一般是头菜、二菜、甜菜、座汤这四种菜。在设计宴会菜单时，首先要定的就是这四种菜，四个主干菜确定后，再按头菜的规格标准配齐其余菜点，这样就完成了大菜部分的设计。在具体组合设计时，特别要注意荤素菜的比例和宴会饮食习俗。例如，有的地方婚宴要有全鸡、全鸭，有的地方宴会有"无鱼不成席"的习俗等。

　　5）围绕时令季节选菜点。应时当季的菜点，能够满足顾客尝新尝鲜的欲望，是宴会菜点引人注目的部分。所以，在宴会菜点设计时，选用时令菜的意义十分重要。当然，一个宴会的菜点不必都是时令菜，但是在宴会菜单中应注意适当添加时令菜。例如，春季以马兰头、莴苣、鸡毛菜、苋菜、春笋、嫩蚕豆米、韭芽、蒲菜、鳜鱼、鲴鱼、刀鱼、鲫鱼等原料制作的时令菜点，应该成为这一季节里宴会菜点选择的主要对象。选用时令菜时，要把这一段时间内品质最鲜嫩肥美、货源紧俏、价格高的时令菜放到高档宴会菜单中，而把货源较为充足或接近落市的原料做成的菜点，放在普通宴会菜单中。

6）围绕特色菜选菜点。特色菜是宴会菜单中的点睛之笔。虽然有些餐饮企业宴会菜点中的每一款都做得很不错，让顾客挑不出什么毛病来，但吃过之后，却没有菜点给顾客留下特别的印象。究其原因，就在于每一道菜点虽好，但都是一般意义上的好。在设计时采用围绕特色菜选择菜点的方法，是希望在一众味美质优的菜品中突显有特色的、让人难忘的菜点，起到红花配绿叶、画龙点睛的效果，这样的菜单设计才是成功的。宴会菜点中的特色菜，可以是一道，也可以是两三道。例如，某企业周年庆典宴会的菜单是"冷盘、雏凤锦囊、珍珠虾排、蟹黄带子、奶汁三文鱼、罐焖牛肉、清炖双菜、点心、水果、核桃酪"，其中"雏凤锦囊"是最有特色的菜，它打破了一般以个头较大的母鸡为原料的常规，而选用生长期不足一个月的雏鸡，整料去骨，然后塞入鲍鱼蒸炖。其原料及品质的独特性，使其成为所有菜点中最超乎人们想象的菜点，给赴宴者留下深刻的印象。

7）以菜为主，菜点协调。从宴会菜点构成的总体倾向来看，大都采用以菜肴为主的组合模式。在这种模式下，突出强调以菜为主、菜点协调的组合方法具有很强的操作意义。以菜为主，即菜肴是主体部分；以点为辅，即点心是点睛部分。菜点协调，即菜点虽然主从有别，但却是互为依存、相互映衬的。俗话说，"无点不成席"。一席丰盛美味的菜点，是由菜肴与点心共同发挥作用的，没有点心的宴会菜点是不完整的，况且点心在表现宴会主题、适应顾客宴饮习惯等方面都有菜肴无法替代的作用。点心要用巧思，使之与菜肴相伴相随，两者协调平衡。

至于点心全席，著名的有西安饺子宴、上海城隍庙点心宴、南京秦淮河小吃宴、扬州包子宴、云南紫米席等，这类宴会菜点的设计原则、设计方法与以菜为主的宴会原理相通。

8）迎合顾客喜好选菜点。在宴会菜点设计时，要把顾客对菜点的喜好作为设计的导向。既要考虑喜好的共同性，又要考虑喜好的特殊性，在两者不相冲突、特别是在不影响共同性的情况下，要兼顾到特殊性。想顾客之所好，一定会达到顾客满意的结果。在高规格的宴会菜单设计中，如果主要宾客有特殊喜好，在不影响其他赴宴人的情况下，可采用适应主要宾客口味的设计原则；如果主要宾客的特殊喜好影响其他赴宴人时，应采用专门设计的方法，选用一两道主要宾客特别喜欢的菜点供其专用。

以上介绍的几种组合方法，在宴会菜单菜点设计中，有的可以单独应用，但更多情况下是几种方法综合应用。宴会菜单及其菜点组合复杂多变，设计方法也不是一成不变的，在设计实践中，要灵活应用，博采众长，传承创新。

（3）确定宴会、菜点的名称和菜目编排顺序与样式。

1）确定宴会名称。宴会名称简称宴名，宴会的命名应遵循主题鲜明、简单明了、名实相符、突出个性的原则。

①公务宴会的命名。公务宴会的名称一定要庄重大方，说明宴会性质。例如，自1980年起我国国庆宴会改用酒会形式，宴名可称之为"国庆招待会"。为欢迎外国元首、政府首脑访问我国举行的宴会，则要将宴会性质，宴请对象的国别、身份和姓名，我国领导人的身份，设宴时间和地点等在宴会名称中交代得清清楚楚。

②主题宴会的命名。主题宴会的命名要彰显主题，方法不拘一格。常见的有采用祝福语加以命名的，如婚宴称为"百年好合宴"等，生日宴称为"松鹤延年宴"等。也有采用仿古方法命名的，如生日宴命名为"千秋宴"，升学庆典宴称为"鹿鸣宴"。还有直接命名的方法，简洁明了，如节庆宴称为"重阳宴""除夕宴"，商务宴称之为"开业宴"；这一命名方法有时还与活动结合起来，如"元宵赏灯宴""中秋赏月宴"等。

③特色宴席的命名。特色宴席彰显特色、个性鲜明。命名有的突出名特原料、名菜和地方特色，如"全羊宴""全鱼宴""扬州三头宴""南通刀鱼宴""西安饺子宴""淮安长鱼宴""洛阳水席宴""四川田席"等；有的是传统宴会与现代文明相融合的仿古宴会，如"满汉全席""仿唐宴""孔府宴""红楼宴""随园宴"等；有的突出举办宴会场合的环境特色，如"太湖船宴""秦淮河船宴""烛光宴""海滨野餐宴"等；有的突出菜点数目，如"四六席""十大碗席"等。

总之，宴会种类很多，命名方法也有多种，或俗或雅，或谐或庄，或拙或巧，或简或繁，或显或隐，各呈风采。但无论确定什么样的宴名，都应与宴会主题、宴会特色相符合，名实相符。

2）确定宴会菜点名称。菜点名称确定的原则是雅俗得体、名实相符。方法有三种。

①写实命名法，即看到名称就基本上知道菜肴、点心的类别及其概貌。例如，某宴会的菜单为"六味冷碟、白灼基围虾、三丝银鱼羹、广式蒸鳜鱼、蒜蓉烤扇贝、黄豆炖猪蹄、油爆笋干鸭、螃蟹炒年糕、油焖鲜笋、酱椒茄子、腐皮青菜、点心二道、水果拼盘"，菜名朴质无华，菜式及内容一目了然。

②写意命名法。这种方法是利用菜点某些方面的特征，借助谐音、比喻、夸张、借代、附会等文学修辞手法拟定菜名。这种命名法常应用在特定主题的宴会菜单菜名中，使菜点名称与宴会主题相契合。这些名称往往含有祝福、祈福、求贵、吉祥、喜庆、兴旺的意思，读起来顺口，令人舒心怡神。例如，2001 年 10 月，在上海 APEC 会议上由亚太地区领导人出席的宴会，其菜单是"相辅天地蟠龙腾（迎宾龙虾冷盘）、互助互惠相得欢（翡翠鸡茸珍羹）、依山傍水鳖筐盈（清炒蟹黄虾仁）、存抚伙伴年丰余（炸银鳕鱼松茸）、共襄盛举春江暖（锦江品牌烤鸭）、同气同怀庆联袂（上海风味细点）、繁荣经济万里红（天鹅鲜果冰盅）"。菜单中的菜名是首藏头诗，每句首字相连，便是"相互依存，共同繁荣"的会议宗旨和目标，这样的菜名别具匠心，充分体现了中国饮食文化的丰厚底蕴。

③虚实结合命名法。实为写实，虚为写意，两者结合，雅俗共赏，相映成趣，别具一格。在如下的婚宴菜单中，不难发现其中有这种命名方法："彩凤鲜带、双喜石斑、幸福伊面、吉庆双点、八宝鱼羹、百年好合"。

3）确定菜目编排顺序与样式。

①菜目的编排顺序。宴会菜单中的菜目排列，可以按两种方式编排：一种方式是按照菜点上席的先后顺序依次排列；另一种方式是按照菜点的类别，兼顾上席先后顺序编排，如冷菜→热菜→点心→水果，这种菜单有纲目分明、类别清楚的特点。

②菜目的编排样式。呈现给顾客的宴会菜单很讲究菜目编排样式的形式美。总的原则是醒目分明，字体规范，易于辨读，匀称美观。例如，中餐宴会菜单中的菜目有横排和竖排两种，竖排有古朴典雅的韵味，横排更符合现代人的识读习惯。菜单字体、字号要合适，让人在一定的视读距离内一览无余，看起来疏朗开放、整齐美观。

附外文对照的宴会菜单要注意外文字体及字号、字母大小写、正斜体的应用，以及字体浓淡粗细的不同变化。一般视觉规律是小写字母比大写字母易于辨认，斜体适合用于强调部分，阅读正体和小写字母眼睛不易疲劳。

3. 宴会菜单设计的检查

宴会菜单设计完成后，需要进行检查。检查分两个方面：一是对设计内容的检查，二是对设计形式的检查。

（1）宴会菜单设计内容的检查

1）菜单内容是否与宴会主题相符合。

2）菜单内容是否与价格标准或档次相一致。

3）菜单内容是否满足了顾客的要求。

4）菜点数量及分量是否足够食用，质量是否有保证。

5）风味特色是否鲜明，是否具有多样性。

6）有无顾客禁忌的食物，有无不符合卫生与营养要求的食物。

7）原料是否能保障供应，是否利于烹调和服务操作。

（2）宴会菜单设计形式的检查

1）菜目编排顺序是否合理。

2）编排样式是否布局合理、分明醒目、整齐美观。

3）菜单形式是否和宴会菜单的装帧、艺术风格相一致，是否和宴会厅风格相一致。

在检查过程中，发现有问题的地方要及时改正过来，发现遗漏的要及时补充，以保证设计质量。宴会菜单设计完成后，一定要让顾客过目，征求意见，得到顾客的认可。指令性宴会的菜单设计要征求主办部门的意见。

四、宴会菜单设计实例

设计宴会菜单要做到"二掌握，二明确"，即掌握酒店信息，掌握顾客信息；明确宴会名称，明确宴会售价。

1. 公务宴会菜单设计

公务宴会根据宴会性质和接待规格可细分为国宴、政务宴，其中国宴是公务宴会的最高形式。公务宴会通常采用分餐制，菜单格局通常有冷菜、汤、热菜、点心和水果，餐具既有刀叉也有筷子，示例如下。

【国宴实例 1】1999 年《财富》全球论坛年会宴会菜单

风传萧寺香（佛跳墙）、云腾双蟠龙（炸明虾）、际天紫气来（烧牛排）、会府年年余（烙鲟鱼）、财运满园春（美点笼）、富岁积珠翠（西米露）、鞠躬庆联袂（冰鲜果）。

菜单中前四个菜和两道点心的第一个字连在一起，便是"风云际会财富"，最后一道水果的名字，则表示主办方向大家致意，庆祝会议隆重召开与全球经济合作繁荣。

【国宴实例 2】2015 年 9 月 "纪念中国人民抗日战争暨世界反法西斯战争胜利 70 周年"招待晚宴菜单

冷盘，松茸山珍汤、香草牛肉、奶香虾球、上汤双菜、酱烤鳕鱼、素什锦炒饭，点心，椰香西米露、水果，咖啡、茶，佐餐酒为长城干红、长城干白。

【国宴实例 3】2016 年 9 月 G20 杭州峰会"西湖盛宴"欢迎晚宴菜单

冷盘，清汤松茸、松子鳜鱼、龙井虾仁、膏蟹酿香橙、东坡牛扒、四季蔬果，点心，水果、冰激凌，咖啡、茶，佐餐酒为张裕干红和张裕干白。

【政务宴实例】某省欢迎英国友好城市政府代表团宴会菜单

精美冷菜（以烤鸭、芦笋、蛋白、红黑鱼子拼成花篮形，寓意和美与共）、鸡汁鲍片（以高汤、鲍鱼片、竹荪、菜心制成汤菜，寓意高朋满座）、碧绿虾片（以明虾、荷兰芹、柠檬烤制而成，寓意生机益然）、茄汁牛排（以番茄沙司调味烹制牛排，另加荷兰豆、薯条等装饰，寓意红运当头）、时令鲜蔬（以黄瓜、白萝卜、南瓜、茭白、橄榄菜等时蔬制成，寓意春色满园）、中式点心（以萝卜丝酥饼、素菜包、翡翠水晶饺拼成，寓意点点心意）、水果拼盘（以西瓜、芒果、木瓜、猕猴桃组成，寓意甜甜蜜蜜）。

2. 主题宴会菜单设计

主题宴会常见的有婚宴、生日宴、节庆宴、庆贺宴、商务宴和酬谢宴，这类宴会菜单示例如下。

【婚宴实例】百年好合宴

八味美彩碟、珍珠海鲜羹、黄油焗龙虾、红运豉香蟹、广式石斑鱼、掌上明珠贝、龙凤呈祥盅、和风烤牛排、蜜豆爆角螺、花菇鸳鸯扣、宫廷煨圆蹄、一品香酥肉、百年好合汇、清炒时蔬盘、美点映双辉、早生贵子羹。

【生日宴实例】松鹤延年寿庆喜宴

八冷碟：八仙过海。

八热菜：儿孙满堂（鸽蛋炖圆菜）、天伦之乐（鸡腰烧鹌鹑）、长生不老（京葱爆海参）、洪福齐天（蟹粉烧豆腐）、罗汉大会（素净全家福）、五世其昌（广式武昌鱼）、彭祖献寿（瓦罐长寿鸭）、返老还童（金栗焖仔鸡）。

一座汤：甘泉玉液（人参乳鸽盅）。

二寿点：佛手摩顶（佛手香酥）、福寿绵长（龙须面）。

二寿果：柿柿如意、蟠桃祝寿。

二寿茶：老君仙眉、八宝如意。

【节庆宴实例】某星级酒店年夜饭系列套餐菜单

除夕年夜团圆宴之阖家团圆

吉祥如意福临门、锦绣三文鱼刺身、富贵参杞炖全鸡、吉庆甘笋焖羊腩、黑椒炭烧牛富脷、港式金牌烧鸭仔、阖家发财烩双圆、红运椒香深海虾、脆香美味野菜饼、清蒸深海大鳜鱼、招牌陈皮扣元蹄、浓汤金花田园蔬、盆满钵满海鲜饭、富贵团圆汤水饺、莲子百合红豆沙、锦绣时令水果拼。

除夕年夜团圆宴之吉祥富贵

吉祥如意福临门、锦绣三文鱼刺身、花菇竹荪烤双鸽、富贵金沙焗龙虾、清蒸深海老虎斑、草原牧场烤羊排、金盏双椒爆辽参、如意海鲜全家福、滋补花胶炖土鸡、回味乡味口双拼、农家腊肉炒菜薹、上汤瑶柱浸时蔬、团圆红汤富贵饺、醇香米酒煮汤圆、新年吉祥点心拼、锦绣时令水果拼。

【庆贺宴实例】金榜题名宴菜单

万事如意（美味六冷碟）、恭喜发财（三丝银鱼羹）、大展宏图（白灼基围虾）、鲲鹏之志（广式蒸鳜鱼）、大吉大利（银丝焗扇贝）、跃马奔腾（孜然烤羊腿）、红运通天（天麻土鸡煲）、春风得意（火瞳笋干鸭）、招财进宝（红扒元宝肉）、年年高升（茼蒿年糕烙）、岁末甫至（古酱焖笋脯）、心想事成（杏仁橙子盅）、春回燕归（蝴蝶素燕盏）、美点双辉（方糕拼笔酥）、更上新楼（缤纷水果盘）。

【商务宴实例】某企业商务欢迎宴菜单

红运当头来、高汤焗龙虾、虫草花炖鸭、一品香妃鸡、京葱爆海参、粿肉黄金卷、兰笋炒牛柳、鲍汁一品煲、清蒸海皇斑、竹荪扒时蔬、红运喜连年、大展宏图拼、岭南佳果汇。

【酬谢宴实例】谢师宴菜单

身通六艺孔夫子（美味六凉碟）、珍珠绿蚁新醉酒（酒香鱼珠羹）、鞠躬鸣谢师恩情（白灼基围虾）、百花争艳锦绣图（五彩卤水盘）、桃李天下育英才（樱桃黑鱼片）、知恩图报鸦反哺（鸽蛋焖甲鱼）、一丝不苟为人师（尖椒爆鳝段）、舞台方寸悬明镜（荆州片鱼糕）、烟草茫茫带晚鸦（芳草槟榔鸭）、蜡炬成灰泪始干（番茄烧牛腩）、落雁红泥小火炉（红泥锅仔鸡）、红豆此物最相思（红豆粉丝汤）、小桃无主自开花（瑶柱西蓝花）、敬献恩师状元饼（豆沙状元饼）、寸草报得三春晖（三色水果拼）。

3. 特色宴会菜单设计

特色宴一般都使用量身定制的个性化菜单，常见的特色宴包括风味特色宴、文化特色宴、选料特色宴、技法特色宴等。这类宴会菜单示例如下。

【风味特色宴实例】岭南迎宾宴菜单

六味冷菜、香麻鸡腿、山珍蜜骨、淮杞金汤、奶酪虾球、鲜蔬鱼滑、鲜椒芙蓉、鱼酥麻花、花雕灵菇、头抽鱼卷、奶香软糍、香莲豉酥、丰收果盘。

【文化特色宴实例】"最忆杭州"景宴菜单

西湖秋韵（美味六碟）、满陇桂雨（宋嫂鱼羹）、虎跑梦泉（龙井虾仁）、南屏晚钟

（钱塘金牛）、三潭印月（西湖醋鱼）、苏堤春晓（东坡牛方）、六和听涛（蟹酿甜橙）、云溪竹径（荷花鸡片）、三台云水（高汤菌煲）、灵隐禅踪（茶缘丝瓜）、黄龙吐翠（清波蒿菊）、曲院风荷（蜜意莲藕）、北街寻梦（知味小笼）、柳浪闻莺（江南秋果）、平湖秋月（桂花茶饮）。

【选料特色宴实例】时令水果宴菜单

冷菜：雪梨双脆、橙汁鱼片、柠檬香芹、橘香牛肉。

热菜：橙盏烧虾仁、芙蓉瓜丝羹、裙边苹果盅、红烛荔枝鸽、鳜鱼蜜瓜条、龙眼乌鸡汤、菠萝桂侯鸭、四色蔬果拼。

点心：三鲜枇杷果、鲜美柿子团。

甜品：猕猴西米露、拔丝金钩蕉。

【技法特色宴实例】中式烧烤宴菜单

冷菜：烤乳猪及九围碟。

热菜：烤鸡豆腐羹、京葱烤大虾、黄油烤海螺、铁板烤鲑鱼、古法烤香鸭、双色烤时蔬。

点心：生煎包子、黄桥烧饼。

菜肴制作与装饰

课程 3-1　热菜烹制

学习单元 1　菜系概述

菜系是指在一定区域内，由于气候、地理、历史、物产及饮食风俗的不同，经长期演变而形成的，菜品在原料使用、烹制方法、风味特色等方面自成体系，并为社会所公认的中国饮食的菜肴流派。

一、菜系形成的因素

菜系的形成主要受以下几个因素影响。

1. 地域、气候与物产的影响

地域的气候、环境不同，出产的原料品种和品质也有很大的差异。相对而言，苏、浙、闽、粤等沿海地区盛产鱼虾，故擅长烹制水产海鲜。而湘、鄂、徽、川、陕等内陆地区禽畜丰富，对家禽野味的烹制极为讲究。东北、西北、华北地区的畜牧业发达，牛羊肉是制作菜肴的主角。总之，地理环境和气候的差异造就食物原料的不同，这是形成菜系的先决条件。

地理环境和气候的差异还造成了不同地区口味习惯的差异。一般来说，北方寒冷，菜肴以较浓厚的口味、咸味为主；华东地区气候温和，菜肴则以甜味和咸味为主；西南地区多雨潮湿，菜肴多以麻辣味为主。

2. 政治、经济与文化的影响

　　菜系的形成与政治、经济、文化的关系十分密切。例如，扬州在隋唐时期就是交通枢纽、盐运的集散地，富商和名厨云集此地，推动了该地域淮扬风味流派的形成；清代，扬州的经济、交通、文化都相当发达，形成了淮扬菜发展的又一个高峰，为淮扬菜成为全国主要菜系奠定了基础。鸦片战争后，欧美各国传教士和商人纷至沓来，西餐技艺随之传入。20 世纪 30 年代，广州街头已是万商云集、食肆兴隆，粤菜兼收并蓄，得到了迅猛的发展。

3. 民俗、习惯与信仰的影响

　　中国地广人多，俗语有"百里不同风，千里不同俗"之说。不同风俗习惯的差异反映在饮食方面尤为明显。

　　《清稗类钞》记述，清末饮食风俗是："食品之有专嗜者，食性不同，由于习尚也。兹举其尤，则北人嗜葱蒜，滇、黔、湘、蜀人嗜辛辣品，粤人嗜淡食，苏人嗜糖。"至今中国各地仍然保留着这种饮食习俗。

　　中华民族是一个重历史、重家族、重传统的民族，讲究世代传承，久而久之就形成了一个地区的风俗。每个地区的居民对当地饮食习俗，不但怀有深厚的感情，而且极为敏感。固定的生活方式和饮食习惯，使得人们对外来食物不自觉地加以抵制。这种心理因素的存在，使得各地区的饮食习惯具有一定的稳定性和历史传承性。

4. 技法、传承与喜爱的影响

　　各地烹饪方法不同，形成了不同的菜肴特色。例如，鲁菜擅长爆、炒、扒、熘、拔丝等，苏菜擅长炖、蒸、烧等，川菜擅长小煎、小炒、干煸、干烧等，粤菜擅长烤、焗、炒、炖、蒸等。

　　当地居民对本地菜的深厚情感，是一个地方风味流派赖以生存的肥沃土壤。人们对菜点的喜爱程度往往决定了它生命周期的长短。人们对菜点的认可最集中的区域，就是菜系划分的范围。

　　综上可见，菜系的形成是多种因素共同作用的结果。不同菜系之间相互区别，相互借鉴，共同发展，最终形成了博大精深的中国饮食文化。

二、中国主要菜系

中国疆域辽阔，从地形、气候、人文、经济和政治各个角度分析，有各种类型的地理区域。在我国，地域文化一般是指特定区域源远流长、独具特色的文化，是特定区域生态、民俗、传统、习惯等的表现。特别是饮食风味，它在一定的地域范围内与环境相融合，因而打上了地域的烙印，具有独特性。

早在商周时期，中国的膳食文化已有雏形，再到春秋战国时期，饮食文化中南北菜肴风味就已经表现出差异。到唐宋时期，南食、北食各自形成体系，南甜北咸的格局形成。发展到清代初期时，鲁菜、川菜、粤菜、苏菜成为当时最有影响的地方菜，被称作"四大菜系"；到清末时，浙菜、闽菜、湘菜、徽菜四大新地方菜系分化形成，与之前的"四大菜系"共同构成中国传统饮食的"八大菜系"。

1. 鲁菜的基本概况

鲁菜即山东菜，是中国传统四大菜系之一。山东是我国传统文化发祥地之一，地处黄河下游，气候温和，胶东半岛突出于渤海与黄海之间。省内山川纵横，河湖交错，沃野千里，物产丰富，号称"世界三大菜园"之一。

商朝末年是鲁菜初见雏形时期。春秋战国时期，齐鲁肴馔便崭露头角，它以牛、羊、猪为主料，还善于烹制家禽、野味和海鲜。秦汉时期，山东的经济空前繁荣。南北朝时期，北魏的《齐民要术》主要对山东地区的烹调技术做了较为全面的总结。历经隋唐宋金各代的锤炼，鲁菜逐渐成为北方菜的代表。明、清两代，鲁菜已成宫廷御膳中的主要角色，对京、津和东北各地的影响较大。

经过长期的发展和演变，鲁菜系逐渐形成包括烟台和青岛在内、以福山帮为代表的胶东菜，以及包括德州、泰安在内的济南菜两个流派；并有堪称"阳春白雪"的孔府菜，还有各种地方菜和风味小吃。

2. 川菜的基本概况

川菜是一个历史悠久的菜系，是四川菜的简称，是中国传统四大菜系之一，其发源地是古代的巴国和蜀国。川菜的形成时间，大致在秦始皇统一中国到三国鼎立之间。当时四川政治、经济、文化中心逐渐移向成都，川菜已有菜系的雏形。三国时刘备以四川为"蜀都"，这为商业包括饮食业的发展，创造了良好的条件，使川菜系在形成初期便有了坚实的基础。川菜在宋代已经形成流派，在明末清初辣椒传入中国一段时间后，川菜进行了大革新，逐渐发展成了现在的川菜。

川菜原料多选山珍、江鲜、野蔬和畜禽，善用小炒、干煸、干烧、泡、烩等烹调技法。川菜以"味"闻名，味型较多，富于变化，以鱼香味、红油味、怪味、麻辣味较为突出。川菜的风格朴实而又清新，具有浓厚的乡土气息。蓉派川菜精致细腻，渝派川菜大方粗犷。不论是高级宴席菜式、三蒸九扣菜式，或是大众便餐菜式、家常便餐菜式、民间小吃菜式等，都具有菜品繁多、形式新颖、做工精细的特点。

川菜烹调讲究品种丰富、味多味美，受到人们的喜爱和推崇，这与其讲究烹饪技术、制作工艺精细、操作要求严格是分不开的。经过长期的发展和演变，川菜划分成了上河帮、小河帮、下河帮三派，三者共同构成川菜三大风味流派，代表川菜发展的最高水平。

3. 粤菜的基本概况

粤菜即广东菜，是中国传统四大菜系之一，发源于岭南，是起步较晚的菜系。粤菜影响深远，世界各国的中餐馆多数是以烹制粤菜为主，在世界很多地方，粤菜常与法国大餐齐名。

粤菜集南海、番禺、东莞、顺德、香山、四邑、宝安等地方风味的特色，兼收京、苏、淮、杭等外省菜以及西菜之所长，自成一家。粤菜用料广博，选料珍奇，配料精巧，善于在模仿中创新，并依食客喜好而烹制。粤菜口味追求清淡、鲜嫩、本味的特色，既符合广东的气候特点，又符合现代营养学要求，是一种科学的饮食理念。

粤菜烹调技艺多样善变，在烹调上以炒、爆为主，兼有烩、煎、烤，讲究清而不淡、鲜而不俗、嫩而不生、油而不腻，有"五滋"（香、松、软、肥、浓）和"六味"（酸、甜、苦、辣、咸、鲜）之说，时令性强，夏秋尚清淡，冬春求浓郁。

粤菜由广州菜（也称广府菜）、潮州菜（也称潮汕菜）、东江菜（也称客家菜）三种地方风味组成，三种风味各具特色。

4. 苏菜的基本概况

苏菜即江苏地方风味菜，是中国传统四大菜系之一，它始于南北朝、唐宋，当时经济发展，推动饮食业的繁荣，苏菜成为"南食"两大台柱之一。明清时期，苏菜南北沿运河、东西沿长江发展更为迅速。沿海的地理优势扩大了苏菜在海内外的影响。苏菜由金陵菜、淮扬菜、苏锡菜、徐海菜四大风味流派组成，以淮扬菜为主体。

江苏为鱼米之乡，物产丰饶，饮食资源十分丰富。著名的水产品有长江三鲜（河豚、鲥鱼和刀鱼）、太湖银鱼、阳澄湖清水大闸蟹、南京龙池鲫鱼，以及其他众多河鲜品。优良的特色蔬菜有太湖莼菜、淮安蒲菜、宝应藕、茭白、冬笋、荸荠等。

苏菜的组合也颇有特色，除日常饮食和各类筵席讲究菜式搭配外，还有"三筵"。其一为船宴，见于太湖、瘦西湖、秦淮河；其二为斋席，见于镇江金山、焦山斋堂、苏州灵岩斋堂、扬州大明寺斋堂等；其三为全席，如全鱼席、全鸭席、鳝鱼席、全蟹席等。苏菜鱼鸭菜式相当漂亮，宴席水平高，节令性强；园林文化和文士菜的气息浓郁，餐具讲究齐全。

5. 浙菜的基本概况

浙菜是浙江菜的简称，是中国传统八大菜系之一。浙菜以杭州菜、宁波菜、绍兴菜、温州菜等四种地方风味菜为代表。

浙菜富有江南特色，历史悠久，源远流长，是中国著名的地方菜系。浙菜起源于新石器时代的河姆渡文化，经过越国先民的开拓积累，汉唐时期的成熟定型，宋元时期的繁荣和明清时期的发展，浙菜的基本风格得以形成。

浙菜的形成也受资源特产的影响。浙江濒临东海，气候温和，水陆交通方便，北部为长江三角洲平原，土地肥沃，河湖密布，盛产稻、麦、粟、豆、果蔬，水产资源十分丰富；西南部丘陵起伏，盛产山珍野味，农舍鸡鸭成群，牛羊肥壮，为烹饪提供了充足的原料。丰富的烹饪资源，加之卓越的烹饪技艺，使浙菜独具特色，自成体系。

6. 闽菜的基本概况

闽菜即福建菜，是中国八大菜系之一，经中原汉族文化和闽越文化融合而成。闽菜发源于福州，以福州菜为基础，后又融合闽东、闽南、闽西、闽北、莆仙五地风味菜，形成闽菜菜系。狭义闽菜指福州菜，最早起源于福建省福州市闽县，素有"福州菜飘香四海，食文化千古流传"之称。后来闽菜发展成福州菜（含闽侯菜、闽东菜、闽中菜、闽北菜）、闽南菜（含厦门菜、泉州菜、漳州菜）、闽西菜（主要是客家菜）三种流派，即广义闽菜。

闽菜以烹制山珍海味著称，在色香味形俱佳的基础上，尤以香、味见长，口味清鲜、淡爽，偏于甜酸。闽菜尤其讲究调汤，汤鲜、味美，汤菜品种多，在烹饪界中独占一席。闽菜最突出的烹调方法有醉、扣、糟等，其中最具特色的是糟，有炝糟、醉糟等。闽菜中常使用的红糟，由糯米经红曲发酵而成，糟香浓郁，色泽鲜红。糟味调料具有很好的去腥臊、健脾肾、消暑火的作用，非常适合在夏天食用。此外，闽菜的特色还有善于使用糖、醋。

7. 湘菜的基本概况

湘菜即湖南菜，是中国八大菜系之一。湘菜早在汉朝就已经逐步形成了从用料、烹调方法到风味、风格都比较独特的饮食文化体系；唐宋以后，湘菜菜系已初见端倪；明、清时期，更是湘菜发展的黄金时期。由于长沙曾是封建王朝政治、经济、文化发展的重要城市，因而湘菜发展很快，形成了湘江流域、洞庭湖地区和湘西山区三种地方风味菜。

湖南地处长江中游南部，气候温和，雨量充沛，土地肥沃，物产丰富，素称"鱼米之乡"。优越的自然条件和富饶的物产，为湘菜在选料方面提供了充足的原料。湘菜历来重视原料互相搭配，滋味互相渗透。湖南大部分地区地势较低，气候温暖潮湿，古称"卑湿之地"，故人们多喜食辣椒，用以提神去湿。湘菜用酸泡菜作调料、佐以辣椒烹制菜肴，开胃爽口，深受青睐，成为独具特色的地方饮食习俗。

湘菜受楚文化熏染较深，历史积淀厚重，肴馔丰盛大方，花色品种众多，口味丰富。就菜式而言，既有乡土风味的民间菜式、经济方便的大众菜式，也有讲究实惠的筵席菜式、格调高雅的宴会菜式，还有温馨美味的家常菜式和疗疾健身的药膳菜式。

8. 徽菜的基本概况

徽菜是安徽菜的简称，是中国八大菜系之一。徽菜起源于南宋时期的徽州府（包括现安徽省黄山市、宣城市绩溪县及江西省上饶市婺源县），徽菜发端于唐宋，兴盛于明清，民国时期徽菜在绩溪进一步发展。

徽菜的形成与古徽州独特的地理环境、人文环境、饮食习俗密切相关。徽州绿树成荫、沟壑纵横、气候宜人，为徽菜提供了取之不尽、用之不竭的原料。得天独厚的条件成为徽菜发展的物质保障，同时徽州的风俗礼仪、时节活动，也有力地促进了徽菜的形成和发展，使其具有广泛的影响。明清时期徽菜一度居于八大菜系之首。

徽菜由安徽省的沿江菜、沿淮菜和皖南徽州菜构成。沿江菜以芜湖、安庆的地方菜为代表，之后传到合肥地区，以烹调河鲜、家禽见长。沿淮菜由蚌埠、宿县、阜阳等地方风味菜肴构成。皖南徽州菜是安徽菜的主要代表，起源于黄山山麓下的歙县，徽州古城。后因新安江畔的屯溪小镇成为土特产品的集散中心，商业兴旺，饮食业发达，徽菜的重点逐渐转移到屯溪，并在这里得到进一步发展。

学习单元 2　鲁菜特色菜肴的制作

　　四大菜系之首当推鲁菜，它是起源于山东的齐鲁风味，是历史最悠久、技法最丰富、难度最大、最见功力的菜系。

一、鲁菜的风味特色

　　鲁菜讲究原料质地优良，以海鲜、北方冷水鱼和禽畜为主，以盐提鲜，以汤壮鲜，调味讲求咸鲜纯正，突出本味，善用面酱，葱香突出。鲁菜特别重视火候，有"火功在山东"之说，常用的烹调方法有爆、扒、拔丝等，尤其是爆、扒为世人所称道。鲁菜还精于制汤，善于用汤，以汤为百鲜之源，讲究清汤、奶汤的调制，清浊分明，取其清鲜。

　　鲁菜善烹海味，海鲜菜实力深厚，对海珍品和小海味的烹制堪称一绝；装盘丰满，造型古朴；受儒家膳食观念的影响较深，具有官府菜的美学风格。为了适应餐饮市场日新月异的变化，目前鲁菜正在挖掘潜力，锐意创新，积极拓展菜式。鲁菜主要包括济南菜、福山菜和曲阜菜。

　　以济南菜为代表的齐鲁风味在山东北部、京津冀、东北等地区盛行。济南菜以清香、鲜嫩、味醇著称，一菜一味，百菜不重；尤重制汤，清汤、奶汤的使用及熬制都有严格规定，用高汤调制是济南菜的一大特色。

　　以烟台福山菜为代表的胶东风味流行于胶东、辽东等地。胶东菜起源于福山、烟台和青岛，以烹饪海鲜见长，口味以咸鲜清淡为主，质感或脆或嫩。

　　以曲阜菜为代表的孔府风味流行于山东西南部和河南地区，和江苏菜系的徐州风味较近。孔府菜有"食不厌精，脍不厌细"的特色，其用料之精广、筵席之丰盛堪与过去宫廷御膳相媲美。

　　鲁菜的传统名菜有：葱烧海参、油爆乌鱼花、糖醋黄河鲤鱼、拔丝珍珠苹果、一品豆腐、德州扒鸡、九转大肠、油爆双脆、扒原壳鲍鱼、醋椒鱼、糟熘鱼片、芫爆肚丝、清汤银耳、烩乌鱼蛋等。

二、经典特色菜肴制作

【实例1 葱烧海参】

葱烧海参是中华特色美食,更是鲁菜经典名菜。袁枚《随园食单》亦载有:"海参无味之物,沙多气腥,最难讨好,然天性浓重,断不可以清汤煨也。"有鉴于此,北京丰泽园饭庄老一代名厨王世珍率先进行了改革。他针对海参天性浓重的特点,采取了"以浓攻浓"的做法,以浓汁、浓味入其里,浓色表其外,达到了色香味形俱佳的效果。后王义均大师及其弟子进一步创新改良,将葱烧海参这道经典鲁菜发扬光大。葱烧海参如图3-1-1所示。

图3-1-1 葱烧海参

(1)原料组成。

主料:水发海参750 g。

配料:大葱100 g、姜15 g、蒜15 g、香菜15 g。

调料、辅料:精盐2 g、清汤250 g、鸡汤250 g、白糖25 g、熟猪油150 g(约耗75 g)、酱油10 g,冰糖老抽2 g、绍兴酒15 g、淀粉10 g。

(2)制作过程。

1)将水发海参洗净,片成抹刀片。大葱切成长5 cm的段,姜切成片，蒜切成片，香菜切成段。

2）将炒锅置于旺火上，倒入熟猪油，加热至120 ℃时下入葱段、姜片、蒜片、香菜段，浸炸出香味，过滤出葱油，捡出炸成金黄色的葱段备用。

3）海参入沸水锅中焯水，捞出控干水分，和炸好的葱段一起放入碗中，加入鸡汤250 g、绍兴酒5 g、酱油2.5 g、白糖2.5 g，上屉用旺火蒸10分钟左右取出，滗去汤汁。

4）炒锅中放入熟猪油烧热，加葱段、海参、清汤、精盐、白糖、绍兴酒、酱油、冰糖老抽，调好口味和颜色，烧开后移至小火烧2～3分钟，改旺火，用湿淀粉勾芡，用中火烧透收汁，淋入葱油，盛入盘中。

（3）成菜特点。口味咸鲜，质感软糯，葱香浓郁。

【实例2 油爆乌鱼花】

乌鱼又称乌贼，色泽洁白，质地脆嫩，营养丰富，经刀工处理后极易成形，可做成多种花色工艺菜。油爆乌鱼花是烟台传统名菜，选用乌鱼为原料，以油爆技法成菜，急火快炒，旺火速成，明油亮芡。成品洁白如玉、花形逼真、咸鲜脆嫩，如图3-1-2所示。

（1）原料组成。

主料：乌鱼板肉500 g。

配料：葱15 g、蒜15 g、竹笋30 g、香菜15 g。

调料、辅料：精盐5 g、味精2 g、清汤60 g、芝麻油3 g、花生油750 g、湿玉米淀粉20 g、料酒15 g。

图 3-1-2　油爆乌鱼花

（2）制作过程。

1）将乌鱼板摘净内膜和外皮，剞麦穗花刀。葱切成 1 cm 长的指段葱，蒜切成 0.1 cm 厚的片，竹笋切成边长 2 cm 的菱形片，香菜切成 3 cm 长的段。

2）用清汤、精盐、味精、料酒、湿玉米淀粉、芝麻油兑成调味粉汁。

3）锅内加入清水烧开，放入乌鱼花快速焯水，捞出控净水，再放入 150 ℃的热油中一冲，捞出将油控净。

4）锅内加花生油 25 g，烧至 150 ℃，用葱、蒜爆锅，加竹笋、香菜略炒，再将乌鱼花倒入锅内，烹入调味粉汁，快速翻匀，装盘。

（3）成菜特点。色泽白亮，口味咸鲜，质感脆嫩。

【实例 3　糖醋黄河鲤鱼】

糖醋黄河鲤鱼是山东济南的传统名菜。济南北临黄河，故烹饪所采用的鲤鱼就是黄河鲤鱼。此鱼生长在黄河深水处，头尾金黄，全身鳞亮，肉质肥嫩，是宴会上的佳品。据说，糖醋黄河鲤鱼最早兴起于黄河重镇——洛口镇，这里的厨师喜用活鲤鱼制作此菜，并在地方有些名气，后来传到济南。厨师在制作时，先将鱼身剞上刀纹，外裹芡糊，油炸后头尾翘起，再用著名的洛口老醋加糖制成糖醋汁，浇在鱼身上。此菜香味扑鼻，外脆里嫩，且带点酸，成为鲁菜中的一道佳肴，如图3-1-3所示。

图3-1-3 糖醋黄河鲤鱼

（1）原料组成。

主料：黄河鲤鱼1条（约700 g）。

调料、辅料：酱油100 g、精盐3 g、白糖200 g、米醋120 g、绍兴酒10 g、葱2 g、姜2 g、清汤300 g、蒜3 g、淀粉100 g、面粉50 g、花生油1 000 g（约耗150 g）。

（2）制作过程。

1）鲤鱼去鳞，开膛取出内脏，挖去两鳃用水冲洗干净，在鱼身的两面每隔2.5 cm先直剞1.5 cm深，再斜剞2 cm深，成翻刀片（直刀剞至鱼骨时向前推剞，在根部划一个刀口，使鱼肉能翻起），然后提起鱼尾使刀口张开，将绍兴酒、精盐撒入刀口处稍腌。葱、姜、蒜均切成末。

2）取一只碗用清汤、酱油、绍兴酒、米醋、白糖、精盐、湿淀粉兑成调味粉汁。

3）在鱼的周身均匀地涂上一层面粉和湿淀粉调成的糊。另把花生油倒入炒锅中，待加热至200 ℃左右时，左手捏住鱼头、右手提鱼尾放入油锅中，弯曲成昂头翘尾状，炸至外皮结壳后，转小火浸炸3分钟。再改用旺火炸到鱼身全部呈金黄色时，捞出摆放在盘中。

4）锅内放入少量油烧热，放入葱、姜、蒜末炸出香味后，倒入兑好的调味粉汁，炒至起泡时再用炸鱼的沸油冲入汁内，略炒后迅速浇到鱼身上。

（3）成菜特点。色泽深红，外脆里嫩，香味扑鼻，酸甜可口。

【实例 4　拔丝珍珠苹果】

拔丝是鲁菜厨师最为擅长的烹调技法之一，其对火候的要求相当严格。拔丝珍珠苹果是山东传统名菜，有着悠久的历史。成品色泽金黄，润滑光亮，外酥甜，内清香，是老少皆宜的一道甜品。拔丝珍珠苹果如图 3-1-4 所示。

图 3-1-4　拔丝珍珠苹果

（1）原料组成。

主料：苹果 500 g。

配料：鸡蛋 50 g、淀粉 70 g、面粉 25 g、清水 75 g。

调料、辅料：白糖 100 g、花生油 750 g、酵母 5 g。

（2）制作过程。

1）将苹果去皮、核，切成小方块。

2）用鸡蛋50 g、淀粉70 g、面粉15 g、清水50 g、酵母5 g、花生油10 g调匀成发酵糊。

3）炒锅内加入花生油，烧至200 ℃左右，将苹果在面粉中拍匀（约耗10 g），再放入糊内粘匀，逐块放入热油中炸熟，呈金黄色时捞出将油控净。

4）锅内加清水25 g、白糖100 g，炒到出丝时，将炸好的苹果倒入锅内翻炒，待苹果均匀裹上糖浆时盛出。

（3）成菜特点。形如珍珠，色泽金黄，香甜可口。

学习单元3　川菜特色菜肴的制作

川菜作为中国四大菜系之一，取材广泛，调味多变，菜式多样，口味清鲜醇浓并重，以善用麻辣调味著称，并以其别具一格的烹调方法和浓郁的地方风味，融汇了东南西北各方的特点，博采众家之长，善于吸收、创新，享誉中外，国际烹饪界有"食在中国，味在四川"之说。

一、川菜的风味特色

川菜以家常菜为主，高端菜为辅，取材多为常见的普通原料，也不乏山珍海鲜。其特点在于红味讲究麻、辣、鲜、香；白味口味多变，包含甜味、卤香味、怪味等多种口味。川菜取材广泛，多选山珍、江鲜、野蔬和畜禽。川菜调味多变又富有特色，尤其是善于使用号称"三椒"的花椒、胡椒、辣椒，"三香"的葱、姜、蒜，以及醋和郫县豆瓣酱。

川菜擅长炒、滑、熘、爆、煸、炸、煮、煨等，小煎、小炒、干煸和干烧尤有其独到之处。川菜烹调有四个特点：一是选料认真，二是刀工精细，三是合理搭配，四是精心烹调。

　　川菜在口味上特别讲究色、香、味、形，兼有南北之长，以味的多、广、厚著称。川菜有"七滋八味"之说，"七滋"指甜、酸、麻、辣、苦、香、咸，"八味"即鱼香味、酸辣味、椒麻味、怪味、麻辣味、红油味、姜汁味和家常味。川菜包括上河帮、小河帮和下河帮三派。

　　上河帮川菜是以川西成都、乐山为中心地区的蓉派川菜。蓉派川菜讲求用料精细准确，严格按传统经典菜谱烹制，其味温和，绵香悠长，包括川菜中的宫廷菜、公馆菜等高档菜，通常颇具典故。上河帮川菜精致细腻，多为流传久远的传统川菜，旧时历来作为四川总督的官家菜，一般酒店中高级宴会菜式中的川菜均以上河帮川菜为标准食谱制作。

　　小河帮川菜是以川南自贡为中心的盐帮菜，同时包括宜宾菜、泸州菜和内江菜，其特点是精致、奢华、麻辣、鲜香。

　　下河帮川菜是以重庆江湖菜、万州大碗菜为代表的重庆菜。其特点是大方粗犷，以花样翻新迅速、用料大胆、材料广泛著称。

　　川菜的传统名菜有：鱼香肉丝、麻婆豆腐、宫保鸡丁、水煮牛肉、干烧岩鲤、干烧鳜鱼、廖排骨、怪味鸡、粉蒸牛肉、毛肚火锅、干煸牛肉丝、夫妻肺片、灯影牛肉等。

二、经典特色菜肴制作

【实例 1　鱼香肉丝】

　　相传很久以前在四川有一户生意人家，家里的人很喜欢吃鱼，调味也很讲究，在烧鱼的时候都要放盐、葱、姜、蒜、酒、醋、酱油等去腥增味的调料。有一天，家中女主人在炒肉丝的时候，为了不浪费调料，把上次烧鱼时用剩的调料都用来炒肉丝，家里人吃后连连称赞其菜之美味，所以取名为鱼香肉丝，该菜因此得名。鱼香肉丝如图 3-1-5 所示。

图3-1-5　鱼香肉丝

（1）原料组成。

主料：猪瘦肉200 g。

配料：玉兰片、胡萝卜、水发黑木耳各30 g，葱、姜、蒜、剁椒酱各10 g。

调料、辅料：精盐3 g、白糖15 g、醋10 g、生抽8 g、淀粉10 g、花生油1 000 g（约耗30 g）、料酒适量。

（2）制作过程。

1）将玉兰片、胡萝卜、水发黑木耳、猪瘦肉均切成丝，葱、姜、蒜切成末。

2）用少许精盐、料酒和淀粉将肉丝稍腌上浆，并将淀粉、精盐、白糖、醋、生抽加水兑成调味芡汁。

3）热锅下花生油，加热至150 ℃左右时，下肉丝迅速划散，至肉色变白后将肉丝捞出起锅。

4）锅中放底油，加剁椒酱、蒜末、姜末炒香，加入事先焯水后的胡萝卜丝煸炒1分钟左右，再下入玉兰丝和黑木耳丝一起煸炒。

5）最后放入肉丝翻炒均匀，倒入芡汁，待汤汁黏稠时加葱末翻炒均匀，起锅装盘。

（3）成菜特点。成菜色泽红润，鱼香味浓郁，咸、鲜、甜、酸、辣兼备，肉丝质感滑嫩。

【实例 2　麻婆豆腐】

　　麻婆豆腐始创于清朝同治元年（1862 年）。当时在成都万福桥边，有一家原名"陈兴盛饭铺"的店面。店主陈春富（陈森富）早殁，小饭店便由老板娘经营，女老板面上微麻，人称"陈麻婆"。当年的万福桥横跨府河，常有苦力之人在此歇脚、吃便饭，光顾饭店的主要是挑油的脚夫。陈氏烹制豆腐有一套独特的烹饪技巧，烹制出的豆腐色、香、味俱全，深得人们喜爱，她创制的烧豆腐被称为陈麻婆豆腐，其饭店后来也以"陈麻婆豆腐店"为名。麻婆豆腐如图 3-1-6 所示。

图 3-1-6　麻婆豆腐

　　（1）原料组成。

　　主料：嫩豆腐 250 g。

　　配料：牛肉末 75 g、蒜苗 1 根。

　　调料、辅料：豆瓣酱 15 g，豆豉 15 g，花椒粉 3 g，辣椒粉 3 g，酱油 5 g，精盐 3 g，白糖 2 g，淀粉 5 g，花生油 25 g，小葱、姜各 5 g，肉汤适量。

　　（2）制作过程。

　　1）将豆腐切成边长为 2 cm 的块，放入加了少许精盐的沸水中氽一下，去除豆腥味，捞出用清水浸泡；豆瓣酱、豆豉剁碎，蒜苗切段，小葱切末，姜切末。

2）炒锅烧热，放入油后加牛肉末炒散，待牛肉末炒成金黄色时放入豆瓣酱同炒，再放入豆豉、姜末、辣椒粉同炒，至牛肉上色。

3）锅中加肉汤煮沸，放入豆腐煮3分钟，加入蒜苗段，再加酱油、白糖、精盐调味，最后用湿淀粉勾芡后盛入深盘中，撒上花椒粉、小葱末。

（3）成菜特点。汤色红亮，豆腐雪白，点缀碧绿的小葱末，视觉效果非常好。麻辣味混合着牛肉以及蒜苗和小葱的香味，让人食欲大开。豆腐入口细滑，口感烫、麻、辣、鲜。

【实例3　宫保鸡丁】

宫保鸡丁由清朝山东巡抚、四川总督丁宝桢创制，他对烹饪颇有研究，喜欢吃鸡肉和花生米，且喜好辣味。他在四川任总督的时候，创制了一道将鸡丁、红辣椒、花生米下锅爆炒而成的美味佳肴。这道美味本来是丁家的私房菜，但后来尽人皆知，成为人们熟知的宫保鸡丁。所谓"宫保"，其实是丁宝桢的荣誉官衔，这道菜为了纪念他而得名。宫保鸡丁如图3-1-7所示。

图3-1-7　宫保鸡丁

（1）原料组成。

主料：鸡脯肉 250 g、花生米 50 g。

配料：大葱 45 g、姜 10 g。

调料、辅料：干辣椒 8 g、花椒 1.5 g、精盐 2 g、料酒 2 g、酱油 7 g、白糖 10 g、醋 7 g、淀粉 25 g、花生油 60 g。

（2）制作过程。

1）将鸡脯肉用刀背拍松，切成小丁，加入料酒、精盐腌制 10 分钟，再用湿淀粉拌匀上浆。

2）将大葱洗净切段；干辣椒洗净，剪去两头去除辣椒籽，切成丁；姜榨成姜汁；花生米炒熟。

3）在小碗中调入酱油、醋、精盐、姜汁、白糖和料酒，混合均匀，制成调味料汁。

4）锅烧热后加入少量油，放入花椒和干辣椒丁，用小火煸炸出香味后放入大葱段，再放入鸡丁滑炒变色，然后调入料汁，用水淀粉勾芡，最后放入熟花生米，翻炒均匀出锅装盘。

（3）成菜特点。辣中有甜，甜中有辣，鸡肉的鲜嫩配合花生的香脆，入口鲜辣酥香，肉质滑脆。

【实例 4　水煮牛肉】

水煮牛肉由四川自贡名厨范吉安创制。范吉安在烹饪实践中善于总结经验，坚持创新。他把原来以盐、酱油、辣椒、花椒等作料调成蘸水，放在碟内蘸煮熟牛肉片吃的渗汤牛肉改进为水煮牛肉，成为带有浓厚地方风味的四川名菜。水煮牛肉如图 3-1-8 所示。

图 3-1-8 水煮牛肉

（1）原料组成。

主料：牛里脊肉 250 g。

配料：青蒜 150 g、白菜心 150 g、芹菜心 100 g。

调料、辅料：干辣椒 15 g，花椒 15 g，郫县豆瓣 40 g，花生油 200 g，酱油 15 g，鸡精 1 g，姜片 10 g，蒜片 15 g，淀粉、清汤、料酒、胡椒面、精盐各适量。

（2）制作过程。

1）将牛肉切成长 5 cm、宽 3 cm 的薄片，装入碗中，用酱油、料酒调味后，用湿淀粉拌匀。

2）青蒜、芹菜心、白菜心择洗干净，分别切成长 6 cm 的段和片。

3）锅烧热后放入少量油，下入干辣椒、花椒，炸至棕红色，捞出剁成末。锅内原油下青蒜、白菜、芹菜，炒至断生装盘。

4）锅内再次放入少量油，烧热下郫县豆瓣炒出红色，加清汤稍煮，捞去豆瓣渣，将青蒜、白菜、芹菜再放入汤锅中，加酱油、鸡精、料酒、胡椒面、精盐、姜片、蒜片，烧透入味，捞出装入深盘或荷叶碗内。

5）将肉片倒入微开的原汤汁锅中，煮沸后用筷子轻轻拨散，肉片刚刚熟时，捞出盛在装配料的盘或碗中，撒上干辣椒末、花椒末，随即淋上沸油。

（3）成菜特点。麻辣味厚，滑嫩适口，香味浓烈，具有川味火锅麻、辣、烫的风味。

■ 学习单元 4　粤菜特色菜肴的制作

粤菜作为中国四大菜系的代表，以选料严格、做工精细、中西结合、质鲜味美等特点名扬天下。

一、粤菜的风味特色

粤菜取百家之长，用料广博，选料珍奇，飞禽走兽、山珍海味、中外特产无所不有。粤菜讲究原料的季节性，"不时不吃"。吃鱼，"春鳊秋鲤夏三犁（鲥鱼）隆冬鲈"；吃虾，"清明虾，最肥美"；吃蔬菜要挑"时菜"，即当季的蔬菜，如菜心为"北风起菜心最甜"。除了选择原料的最佳食用期之外，粤菜还特别注意选择原料的最佳部位入菜。

粤菜味道讲究清、鲜、嫩、滑、爽、香，追求原料的本味和清鲜味。粤菜调味品种类繁多，遍及酸、甜、苦、辣、咸、鲜各味，只用少量姜、葱、蒜做"料头"，少用辣椒等辛辣作料，也不会大咸大甜。

粤菜烹调方法众多，尤以蒸、炒、煎、焗、焖、炸、煲、炖、扣等见长，讲究火候，尤重"镬气"和现炒现吃，做出的菜肴注重色、香、味、形。口味讲究清而不淡、鲜而不俗、嫩而不生、油而不腻，而且随季节时令的不同而富于变化，夏秋力求清淡，冬春偏重浓郁。粤菜包括广府菜、客家菜和潮州菜。

广府菜地域范围包括珠江三角洲和肇庆、韶关、湛江等地，用料丰富，选料精细，技艺精良；擅长小炒，要求火候和油温恰到好处；还兼容了许多西菜做法，讲究菜的气势、档次。

客家菜起源于广东东江一带的客家人聚居地区，菜品多用肉类，极少水产，主料突出，讲究香浓，下油重，味偏咸，以砂锅菜见长，有独特的乡土风味。

潮州菜发源于潮汕地区，集闽、粤两家之长，自成一派。潮州菜以烹制海鲜见长，汤类、素菜、甜菜最具特色；刀工精细，口味清鲜；喜用鱼露、沙茶酱、梅羔酱、姜酒等调味品，甜菜较多，款式有百种以上，都是粗料细作，香甜可口。潮州菜的另一特点是喜摆十二款，上菜次序喜头、尾甜菜，下半席上咸点心。

　　粤菜的传统名菜有：椒盐焗虾、清蒸鳜鱼、金华玉树鸡、菠萝咕噜肉、广州文昌鸡、明炉烤乳猪、清蒸东星斑、挂炉烧鹅、雁南飞茶田鸭、潮州卤味、白切鸡、红烧乳鸽、蜜汁叉烧、脆皮烧肉、上汤焗龙虾、鲍汁扣辽参、白灼象拔蚌、麒麟鲈鱼、蒜香骨、白灼虾等。

二、经典特色菜肴制作

【实例 1　椒盐焗虾】

　　椒盐焗虾是一道色、香、味俱全的地方名肴，属于粤菜。此菜选鲜活中虾，不必去壳，经油泡后，再用姜、蒜、红辣椒、椒盐粉等味料附在壳外而不入肉内。成菜外焦香，内软嫩鲜美。椒盐焗虾如图 3-1-9 所示。

图 3-1-9　椒盐焗虾

　（1）原料组成。

　　主料：鲜虾 30 只（约 500 g）。

　　配料：蒜蓉 10 g、红辣椒末 5 g、姜末 5 g。

　　调料、辅料：料酒 10 g、椒盐粉 3 g、食用油 1 000 g（约耗 50 g）。

（2）制作过程。

1）将鲜虾用水洗净，剪去虾枪和须。

2）锅中加油烧热至约 180 ℃时，放入鲜虾炸至外酥内嫩捞起。

3）将蒜蓉、红辣椒末、姜末放入锅爆香，放入鲜虾焗均匀，加入料酒收干，最后加入椒盐粉拌匀，起锅装盘。

（3）成菜特点。口味鲜香，外酥里嫩。

【实例 2　清蒸鳜鱼】

清蒸鳜鱼堪称粤菜十大名鲜之一，一条鳜鱼成就一碟鲜。鳜鱼为鱼中佳品，因其肉质丰满，细嫩肥美，且骨刺极少，没有乱刺，成为广东人尤为喜爱的烹饪原料。清蒸鳜鱼如图 3-1-10 所示。

图 3-1-10　清蒸鳜鱼

（1）原料组成。

主料：鳜鱼 1 条（约 700 g）。

配料：姜丝 30 g、葱丝 30 g、红辣椒丝 10 g、姜片 10 g、小葱条 10 g。

调料、辅料：生抽 25 g、高汤 3 g、白糖 5 g、鸡油 30 g、食用油 50 g。

（2）制作过程。

1）将鳜鱼去鳞、鳃、内脏，洗净。

2）将鳜鱼放入盘中，用两只竹筷子垫入鱼身下面（供通气用），鱼身放上小葱两条、姜两片，淋上鸡油 30 g。

3）放入蒸笼中大火蒸约 10 分钟出笼，夹去姜、葱，抽除筷子。

4）先将生抽、高汤、白糖混合烧开后浇在鱼身上，再把姜丝、葱丝、红辣椒丝混合放在鱼身上，最后将烧开的热油约 50 g 淋于鱼上。

（3）成菜特点。原汁原味，味道鲜美。

【实例 3 金华玉树鸡】

金华玉树鸡是广东传统地方名菜。在中国很多地方都有"无鸡不成宴"的趣俗，鸡与"吉"谐音，向来是吉祥、喜庆的象征。年夜饭的餐桌上，鸡更是必不可少的角色。金华玉树鸡不但造型美观，色泽亮丽，很有吉庆的气息，而且荤素相间，味道鲜美，质感软嫩，如图 3-1-11 所示。

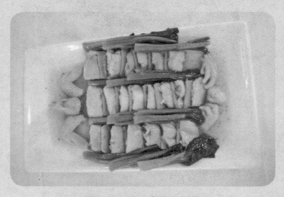

图 3-1-11 金华玉树鸡

（1）原料组成。

主料：嫩母鸡1只（约1000 g）。

配料：熟金华火腿150 g、油菜心200 g。

调料、辅料：精盐、白糖各5 g，淀粉10 g，葱段5 g，姜片10 g，黄酒20 g，食用油30 g。

（2）制作过程。

1）将嫩母鸡腹部开膛，取出内脏，洗净，放盆中，用精盐、黄酒涂抹均匀，再将葱段、姜片放在鸡肉上，腌1小时。

2）把鸡放入盆中，上蒸锅，用大火蒸15～20分钟后取出。蒸鸡的汤汁倒出留用。

3）待鸡放凉后除去骨头，用刀将鸡肉片成片，另将熟金华火腿也片成片。

4）取一个大盘，按一片鸡肉夹一片火腿的顺序整齐码放在盘中。

5）将蒸鸡剩下的汤汁滤去杂质，加入精盐、黄酒、白糖后烧开，放入油菜心焯熟。将焯熟的油菜心排列在鸡肉两侧。汤汁加入湿淀粉勾芡，并将亮油淋在鸡片上。

（3）成菜特点。刀工精细，造型美观。

【实例4　菠萝咕噜肉】

咕噜肉，又名古老肉，是广东特色名菜。此菜始于清代，当时在广州的许多外国人都非常喜欢食用中国菜，尤其喜欢吃糖醋排骨，但吃时不习惯吐骨头。广东厨师将去骨的精肉加调味品，与淀粉拌和制成一个个大肉圆，入油锅炸至酥脆，蘸上糖醋卤汁制成菜肴，其味酸甜可口，受到中外宾客的欢迎。糖醋排骨的历史较老，经改进后，便改称为"古老肉"。外国人发音不准，常把"古老肉"叫作"咕噜肉"，因为吃时有弹性，嚼肉时有咯咯声，故长期以来这两种称法并存，市面上常见的是罐头菠萝搭配的菠萝咕噜肉，如图3-1-12所示。

图3-1-12　菠萝咕噜肉

（1）原料组成。

主料：猪瘦肉300 g。

配料：菠萝300 g、青椒20 g、洋葱20 g、鸡蛋25 g。

调料、辅料：白醋10 g、番茄酱50 g、淀粉100 g、白糖35克、精盐4 g、味精2 g、料酒6 g、胡椒粉0.2 g、食用油1 500 g（约耗100 g）、葱段4 g、蒜蓉4 g。

（2）制作过程。

1）将猪瘦肉切成厚约0.7 cm、边长约2 cm的菱形厚片，放入精盐、味精、鸡蛋、料酒拌匀腌制入味，将青椒、洋葱、菠萝切成方块。

2）猪肉片裹鸡蛋液，拍上淀粉，放入热油锅内炸熟。

3）将白醋、番茄酱、白糖、精盐、胡椒粉调成味汁。

4）锅中放油，加入葱段、蒜蓉炒出香味，再放入青椒块、洋葱块与菠萝块炒熟，放入调好的汁加热后勾芡，再放入炸好的猪肉，淋上油，翻炒均匀后装盘。

（3）成菜特点。酸甜爽口，醒酒生津。

学习单元 5　苏菜特色菜肴的制作

苏菜是中国传统四大菜系之一。由于苏菜和浙菜相近，因此苏菜和浙菜统称江浙菜系。

一、苏菜的风味特色

苏菜用料广泛，组配严谨，以江河湖海水鲜为主，优良佳蔬为辅，加上一些珍禽野味。苏菜风格清新雅丽，色调秀美。其刀工精致细腻，刀法多变精妙，讲究造型，有"江苏厨艺美在刀"的评价；无论是工艺冷盘、花色热菜，还是瓜果雕刻，都显示出精湛的刀工技术。

苏菜重视火候，烹调方法多样，擅长炖、焖、煨、焐、烤，追求本味，清鲜平和；咸中带甜，浓中带淡，鲜香酥烂，原汁原汤浓而不腻，口味淡雅。苏菜包括金陵菜、淮扬菜、苏锡菜和徐海菜。

金陵菜源自南京，制作精细，口味平和，善用蔬菜，以"金陵三草"（菊花脑、枸杞头、马兰头）和"早春四野"（芥菜、马兰头、芦蒿、野蒜）闻名。

淮扬菜中的"淮"即淮菜，指以淮安一带为代表的淮河流域菜肴；"扬"即扬菜，指以扬州一带为代表的长江流域菜肴。淮扬菜讲究选料和刀工，擅长制汤。

苏锡菜源自苏州、无锡和常熟，常用酒糟调味，擅长烹调各类水产。

徐海菜源自徐州和连云港，擅长烹调海产和蔬菜。

苏菜的代表名菜有：蟹粉狮子头、大煮干丝、松鼠鳜鱼、三套鸭、拆烩鲢鱼头、扒烧整猪头、清蒸鲫鱼、水晶肴蹄、软兜鳝鱼、炝虎尾、炒蝴蝶片、冬瓜盅、三丁包子、翡翠烧卖、蟹黄汤包、千层油糕等。

二、经典特色菜肴制作

【实例1　蟹粉狮子头】

　　据传，蟹粉狮子头始于隋朝，原名葵花斩肉。到了唐代，一天，郇国公韦陟宴客，府中的名厨做了此菜。当葵花斩肉这道菜端上来时，只见那用巨大的肉圆子做成的葵花精美绝伦，有如雄狮之头。宾客们乘机劝酒道，郇国公半生戎马，战功彪炳，应佩狮子帅印。韦陟高兴地举杯一饮而尽，说："为纪念今日盛会，葵花斩肉不如改名为'狮子头'。"从此扬州狮子头就流传于镇江、扬州地区，成为淮扬名菜，如图3-1-13所示。

图3-1-13　蟹粉狮子头

（1）原料组成。

主料：猪肋条肉（五花肉）800 g。

配料：熟蟹肉125 g、虾子10 g、熟蟹黄50 g、生菜200 g。

调料、辅料：料酒100 g、小葱100 g、姜30 g、熟猪油50 g、精盐15 g、淀粉25 g、猪肉汤300 mL。

（2）制作过程。

1）将小葱、姜洗净，用纱布包好放入碗中，加少量水浸泡成葱姜水备用。

2）选用 6 cm 左右的生菜心洗净，菜头用刀剖成十字刀纹，切去菜叶尖。

3）将猪肉斩成米粒状，放入钵内，加葱姜水、料酒、精盐搅拌上劲，再加入适量蟹肉、虾子、淀粉拌匀。

4）将锅置旺火上烧热，加入熟猪油 40 g，放入生菜心煸至翠绿色，加少量虾子、精盐，猪肉汤 300 mL，烧沸离火。

5）取砂锅一只，用熟猪油 10 g 擦抹锅底，再将菜心排入，倒入肉汤，用中火烧沸。

6）将拌好的肉分成几份，逐份放在手掌中，用双手来回翻动 4~5 下，搓捏成光滑的肉圆，逐个排放在菜心上。

7）再将蟹黄分嵌在每只肉圆上，上盖生菜叶，盖上锅盖炖制。

8）烧沸后移微火焖炖约 2 小时，上桌时揭去生菜叶即可。

（3）成菜特点。汤味鲜醇，咸香适口，口感松软，肥而不腻，营养丰富。

【实例 2　大煮干丝】

相传，清代乾隆皇帝六下江南，扬州地方官员曾呈上"九丝汤"以谄媚乾隆。"九丝汤"系用干丝加火腿丝、笋丝、银鱼丝、木耳丝、口蘑丝、紫菜丝、蛋皮丝、鸡丝烹制而成，有时还外加海参丝、蛏干丝或燕窝丝。因豆腐干本身滋味很薄，要想入味，必须借用滋味鲜醇的鸡汤，多种作料的鲜香味经过烹调，融合到豆腐干丝里，吃起来爽口开胃，异常珍美，令人食之不厌。如今的大煮干丝在"九丝汤"的基础上发展而成，色彩美观，其味更鲜，尤其刀工要求极为精细，被外宾誉为"东亚名肴"，如图3-1-14所示。

图3-1-14 大煮干丝

（1）原料组成。

主料：豆腐干300 g。

配料：鸡脯肉50 g、虾仁20 g、火腿30 g、笋100 g。

调辅料：精盐6 g、鸡汤300 mL。

（2）制作过程。

1）将豆腐干切成细丝，放入热水中焯一下；另将鸡脯肉、火腿、笋切成细丝。

2）锅内加水和鸡汤，放入豆腐干丝、鸡脯丝、笋丝，大火烧开，15分钟后放入虾仁，然后放入精盐调味，最后再放入火腿丝，盛入碗中。

（3）成菜特点。色泽美观，鲜香扑鼻，干丝洁白，质地软糯，汤汁浓厚，味鲜可口。

【实例 3　松鼠鳜鱼】

松鼠鳜鱼的前身是松鼠鱼，是苏州地方传统名菜。炸好的鳜鱼上桌时，随即浇上热气腾腾的卤汁，它便吱吱地"叫"起来，活像一只松鼠而得名。据说，早在乾隆皇帝下江南时，苏州就有松鼠鱼这道菜了，而这道松鼠鱼并非用鳜鱼作为食材，而是用鲤鱼制作，乾隆皇帝品尝后曾赞其味美。后来，这道菜才逐渐发展成用鳜鱼制作的"松鼠鳜鱼"，如图 3-1-15 所示。

图 3-1-15　松鼠鳜鱼

（1）原料组成。

主料：鳜鱼 1 条（重约 1 000 g）。

配料：春笋、水发香菇、豌豆、浆虾仁各 30 g。

调料、辅料：番茄酱 100 g、高汤 100 g、白糖 50 g、香醋 30 g、绍兴酒 10 g、酱油 10 g、精盐 5 g、葱段 15 g、蒜瓣 15 g、芝麻油 10 g、色拉油 1 500 g（约耗 100 g）、淀粉 150 g。

（2）制作过程。

1）将鳜鱼去鳞及鳃，剖腹去内脏，洗净沥干；将春笋、水发香菇切成小丁备用。

2）先按住鱼身，将鱼头切下。再按住鱼身，用刀将鱼肉贴着骨头片开（尾巴不要片开），翻面再片开另一片鱼肉，然后把鱼肚子处带刺的肚档片掉。

3）将片下的两片鱼肉皮朝下，在鱼肉上先直刀剞，再斜刀剞，深至鱼皮成菱形刀纹。

4）将鱼头和鱼肉分别放入碗中，用绍兴酒、精盐腌制后，滚上淀粉，用手拎鱼尾抖去余粉。

5）炒锅下入色拉油，烧至150℃时，用手倒拎鱼肉，把锅中烧热的油从上往下浇在鱼肉上。再将两片鱼肉和鱼尾翘起，放入油锅稍炸使其成形。之后将鱼全部放入油锅，炸至金黄色捞起，放入盘中。

6）鱼头入油锅炸成金黄色（入锅炸时，用筷子按压鱼头，让其下巴部位展开定型）。

7）炸好后，装上鱼头和鱼肉拼成整条鱼的形状，头部和尾部要翘起。

8）将番茄酱放入碗内，加高汤、白糖、香醋、绍兴酒、酱油、湿淀粉，拌成调味汁。

9）锅内留少许油，放葱段煸香捞出，加蒜瓣末、笋丁、香菇丁、豌豆、浆虾仁炒熟，下调味汁用大火烧浓后，淋上芝麻油，起锅浇在鱼身上。

（3）成菜特点。造型逼真，色泽金黄，外脆里嫩，酸甜适口。

【实例4　三套鸭】

扬州一带盛产湖鸭，此鸭十分肥美，是制作南京板鸭、盐水鸭等鸭菜的优质原料。早在明代，扬州厨师就用鸭子制作了各种菜肴，如鸭羹、叉烧鸭，还用鲜鸭、咸鸭制成清汤文武鸭等名菜。清代时，厨师又用鲜鸭加板鸭蒸制成"套鸭"。清代《调鼎集》上曾记载有套鸭的具体制作方法："肥家鸭去骨，板鸭亦去骨，填入家鸭肚内，蒸极烂，整供。"后来扬州菜馆的厨师将野鸭去骨填入家鸭内，菜鸽去骨再填入野鸭内，创制了三套鸭这道菜。此菜因其风味独特，不久便闻名全国，如图 3-1-16 所示。

图 3-1-16　三套鸭

（1）原料组成。

主料：不开膛的杀白家鸭、野鸭、菜鸽各 1 只。

配料：熟火腿片 25 g、水发冬菇 20 g、冬笋片 30 g、鸡胗 100 g、鸡肝 70 g。

调料、辅料：绍兴酒 35 g、葱 30 g、姜 30 g、精盐 20 g。

（2）制作过程。

1）将不开膛的杀白家鸭、野鸭和菜鸽洗净，分别整料出骨，后入沸水锅略烫。

2）将菜鸽由野鸭刀口处套入腹内，并将冬菇、火腿片塞入野鸭腹内空隙处，再将野鸭套入家鸭腹内，然后下锅焯水，捞出沥干。

3）将竹算垫入砂锅底，放入套鸭，加绍兴酒、葱、姜及洗净的鸡胗、肝，加清水淹没鸭身，置中火烧沸去浮沫，用平盘压住鸭身，加盖移微火焖 3 小时到酥烂。

4）拣去葱、姜，拿出竹算，将鸭翻身（胸朝上），捞出鸡胗、肝切片，与冬菇、火腿片、笋片间隔排在鸭身上，放入精盐再炖 30 分钟，起锅。

（3）成菜特点。家鸭肉肥味鲜，野鸭肉紧味香，鸽子肉松而嫩。汤汁清鲜，带有腊香，多味复合，相得益彰。

学习单元 6　其他地方特色菜肴的制作

　　前面介绍的鲁菜、川菜、粤菜、苏菜，是清代初期形成的最有影响力的地方菜，被称作"四大菜系"。到清末时，其他地方特色菜也相继出现，其中浙菜、闽菜、湘菜、徽菜四大新地方菜系形成，与传统四大菜系共同构成中国传统饮食的"八大菜系"。

一、浙菜的风味特色

　　浙菜的选料讲究品种和季节时令，以充分体现原料质地的柔嫩与爽脆，所用海鲜、果蔬无不以时令为上，所用家禽、畜类均以特产为多，充分体现了浙菜选料讲究鲜活、用料讲究部位、遵循"四时之序"的选料原则。浙菜十分注重刀工，菜品形态讲究，精巧细腻，色彩鲜明，清秀雅丽。

　　浙菜以烹调技法丰富多彩而闻名，擅长炒、炸、烩、熘、蒸、烧等，因料施技，注重主配料味的配合，口味富于变化。浙菜注重原味，鲜咸合一，轻油、轻浆、轻糖，注重香糯和软滑，有鱼米之乡的风情；主辅料强调"和合之妙"，讲究菜品内在美与外在美统一，秀丽雅致；历史名菜多，掌故传闻美，文化品位高，传承了古越菜的精华。浙菜包括杭州菜、宁波菜、绍兴菜和温州菜。

　　杭州菜重视原料的鲜、活、嫩，以鱼、虾、禽、畜、时令蔬菜为主，讲究刀工，口味清鲜，突出本味。其制作精细，变化多样，喜欢以风景名胜来命名菜肴，烹调方法以爆、炒、烩、炸为主，清鲜爽脆。

　　宁波菜咸鲜合一，以烹制海鲜见长，讲究鲜嫩软滑，重原味，强调入味；口味有甜、咸、鲜、臭等，以炒、蒸、烧、炖、腌制见长，讲求鲜嫩软滑，注重大汤大水，保持原汁原味。

　　绍兴菜以淡水鱼虾河鲜及家禽、豆类为烹调主料，注重香酥绵糯、原汤原汁、轻油忌辣、汁味浓重，而且常用鲜料配以腌腊食品同蒸同炖，配上绍兴酒，醇香甘甜，回味无穷，富有乡村风情。

　　温州菜也称"瓯菜"，瓯菜以海鲜入馔，口味清鲜，淡而不薄，烹调讲究"二轻一重"，即轻油、轻芡、重刀工，自成一体，别具一格。

浙菜的传统名菜有：西湖醋鱼、东坡肉、赛蟹羹、家乡南肉、干炸响铃、荷叶粉蒸肉、西湖莼菜汤、龙井虾仁、杭州煨鸡、虎跑素火腿、干菜焖肉、蛤蜊黄鱼羹、叫花童鸡、香酥焖肉、丝瓜卤蒸黄鱼、三丝拌蛏、油焖春笋、虾爆鳝背、雪菜大汤黄鱼、冰糖甲鱼等。

【实例 西湖醋鱼】

西湖醋鱼源于南宋京城临安（今杭州），得从南宋临安的宋嫂鱼羹说起。宋五嫂为南宋著名民间女厨师，高宗赵构乘龙舟游西湖，曾尝其鱼羹，赞美不已，于是宋五嫂名声大振，被奉为脍鱼之"师祖"。从此，宋嫂鱼羹扬名于世。其后又经名手改进，演变为西湖醋鱼与宋嫂鱼羹两道名菜，流传至今。民国时期，文人梁实秋曾记载过西湖醋鱼的烹饪方法：选用西湖草鱼，鱼长不过尺，重不逾半斤，宰割收拾过后沃以沸汤，熟即起锅，勾芡调汁，浇在鱼上，即可上桌。西湖醋鱼如图3-1-17所示。

图3-1-17 西湖醋鱼

（1）原料组成。

主料：活草鱼1条（约750 g）。

调料、辅料：米醋50 g、黄酒25 g、酱油75 g、白糖60 g、姜30 g、水淀粉50 g。

（2）制作过程。

1）姜去皮，切少许姜片，其余切成碎末。

2）将饿养一段时间的草鱼去鳞、开膛、去鳃、去内脏后洗净，从尾部入刀，延背脊骨至头部把鱼劈开一分为二，斩去鱼牙，去掉鱼头的淤血，在带骨的一面斜划上5刀（中间一刀将鱼切断），在没有脊骨的内侧肉上长划一刀。

3）锅中放入姜片和清水，烧开后捞出姜片。将鱼皮面朝上、背部相对下入锅中，用筷子把鱼鳍支起来，让鱼成型，中火加热煮3分钟左右，撇去血沫并添加凉水2次，待鱼成熟后用漏勺捞起。

4）倒出汤汁，锅内加入少许的原汤，将适量的酱油、黄酒淋在鱼身上，把鱼放在盘中。

5）锅中的原汁加入白糖、米醋和剩下的酱油。烧开后加入水淀粉，烧至汤汁浓稠。

6）把制作好的芡汁均匀地淋在鱼身上，再撒上适量的姜末。

（3）成菜特点。色泽红亮，鱼肉嫩美，酸甜可口，带有蟹味。

二、闽菜的风味特色

闽菜以烹制山珍海味著称，选料精细；十分注重刀功，刀法严谨，围绕"味"下功夫，通过刀功技法，体现出原料的本味和质地，有"剞花如荔，切丝如发，片薄如纸"的美誉。闽菜特别注意调味，力求保持原汁原味：善用糖，甜去腥膻；巧用醋，酸能爽口；味清淡，则可保持鲜爽原味，有甜而不腻、淡而不薄的盛名。

闽菜讲究火候、调汤、作料，在色、香、味形俱佳的基础上，尤以香、味见长，有清鲜、荤香、不腻的风格特色。闽菜发展至今已形成三大特色，一长于红糟调味，二长于制汤，三长于使用糖醋。闽菜包括福州菜、闽南菜和闽西菜。

福州菜选料精细，擅长烹饪各类山珍海味；菜品刀工精妙；讲究火候，淡爽清鲜；注重调汤，讲究以汤提鲜；喜用作料，口味多变。

闽南菜讲究作料调味，重鲜香，具有清鲜爽淡的特色，长于使用辣椒酱、沙茶酱、芥末酱等调料。

闽西菜以客家菜为主体，多以山区特有的奇味异品作原料，偏重咸辣，突显山区风味，有多汤、清淡、滋补的特点。

　　闽菜的传统名菜有：佛跳墙、荔枝肉、鸡汤氽海蚌、醉糟鸡、白斩河田鸡、蚵仔煎、岚谷熏鹅、半月沉江、淡糟香螺片、醉排骨等。

【实例　佛跳墙】

　　佛跳墙原名福寿全，后来衙厨郑春发开设"聚春园"菜馆时，对此菜加以改进，口味胜于先者。有一次，一批文人墨客来尝此菜，当福寿全上席启坛时，荤香四溢，其中一秀才心醉神迷，触发诗兴，当即曼声吟道："坛启荤香飘四邻，佛闻弃禅跳墙来。"在福州话中，福寿全与佛跳墙发音亦雷同。从此，引用诗句之意的佛跳墙便成了此菜的正名，如图 3-1-18 所示。

图 3-1-18　佛跳墙

　　（1）原料组成。

　　主料：水发鱼翅 500 g、水发鱼唇 250 g、金钱鲍 1 000 g、猪蹄尖 1 000 g、水发刺参 250 g、净肥母鸡 1 只、净鸭 1 只、净鸭肫 6 个、水发猪蹄筋 250 g、大个猪肚 1 个、羊肘 500 g、净火腿腱肉 150 g。

　　配料：水发干贝 125 g、鸽蛋 12 个、净冬笋 500 g、水发花冬菇 200 g、猪肥膘肉 100 g。

调料、辅料：姜片 75 g、葱段 95 g、桂皮 10 g、绍兴酒 2 500 g、味精 10 g、冰糖 75 g、酱油 75 g、猪骨汤 1 000 g、熟猪油 1 000 g。

（2）制作过程。

1）将涨发好的鱼翅排在竹箅上，放进沸水锅中，加葱段 30 g、姜片 15 g、绍兴酒 100 g 煮 10 分钟，去其腥味后取出，拣去葱、姜不用，将鱼翅放入碗中，其上摆放猪肥膘肉，加绍兴酒 50 g，上蒸锅用旺火蒸 2 小时取出，拣去肥膘肉，滗去蒸汁。

2）鱼唇切成长 2 cm、宽 4.5 cm 的块，放进沸水锅中，加葱段 30 g、绍兴酒 100 g、姜片 15 g 煮 10 分钟，去腥捞出，拣去葱、姜。

3）金钱鲍放进笼屉，用旺火蒸至软烂取出，洗净后每个片成两片，剞上十字花刀，盛入小盆，加猪骨汤 250 g、绍兴酒 15 g，放进笼屉旺火蒸 30 分钟取出，滗去蒸汁。鸽蛋煮熟，去壳。

4）鸡、鸭分别剁去头、颈、脚。猪蹄尖剔壳，拔净毛，洗净。羊肘刮洗干净。以上四料各切 12 块，与净鸭肫一并下沸水锅汆一下，去掉血水捞起。猪肚里外翻洗干净，用沸水汆两次，去掉浊味后，切成 12 块，下入锅中，加猪骨汤 250 g 烧沸，加绍兴酒 85 g 汆一下捞起，汤汁不用。

5）将水发刺参洗净，每只切为两片。水发猪蹄筋洗净，切成 7 cm 的段。净火腿腱肉加清水 150 g，上笼屉用旺火蒸 30 分钟取出，滗去蒸汁，切成厚约 1 cm 的片。冬笋放沸水锅中汆熟捞出，每条直切成 4 块，用力轻轻拍扁。花冬菇煮熟。锅置旺火上，熟猪油放锅中烧至 180 ℃时，将鸽蛋、花冬菇、冬笋块下锅炸约 2 分钟捞起。

6）锅中留余油 50 g，用旺火烧至 180 ℃时，将葱段 35 g、姜片 45 g 下锅炒出香味后，放入鸡、鸭、羊肘、猪蹄尖、鸭肫、猪肚块翻炒几下，加入酱油 75 g、味精 10 g、冰糖 75 g、绍兴酒 2 150 g、猪骨汤 500 g、桂皮 10 g，加盖煮 20 分钟后，拣去葱、姜、桂皮，起锅捞出各料盛于盆中，汤汁待用。

7）取一个绍兴酒坛洗净，加入清水 500 g，放在微火上烧热，倒净坛中水，坛底放一个小竹箅，先将煮过的鸡、鸭、羊肘、猪蹄尖、鸭肫、猪肚块及鸽蛋、花冬菇、冬笋块放入，再把鱼翅、火腿片、干贝、鲍鱼片用纱布包成长方形，摆在鸡、鸭等料上，然后倒入煮鸡、鸭等料的汤汁，用荷叶在坛口上封盖，并倒扣压上一只小碗。装好后，将酒坛置于木炭炉上，用小火煨2分钟后启盖，速将刺参、蹄筋、鱼唇等放入坛内，即刻封好坛口，再煨一小时取出。上菜时，将坛口打开，菜倒在大盆内，纱布打开，鸽蛋放在最上面。

（3）成菜特点。原料种类丰富，特色各异，软嫩柔润，浓郁荤香，荤而不腻，各料互为渗透，味中有味，营养价值极高。

三、湘菜的风味特色

湘菜用料比较广泛，刀工精妙，刀法多变，制作精细。湘菜擅长调味，口味多变，品种繁多，重视原料的互相搭配、滋味的互相渗透，调味尤重酸辣。湘菜在色泽上油重色浓，讲求实惠；口味上注重香辣、香鲜、软嫩；烹调方法以煨、炖、腊、蒸、烧等著称，以小炒、滑溜、清蒸、红蒸（加辣椒蒸）见长。湘菜最大特色一是辣，二是腊。

湘江流域以长沙、衡阳、湘潭为中心，是湘菜的主要代表。其特色是油重色浓，讲求实惠，注重鲜香、酸辣、软嫩，尤以煨菜和腊菜著称。

洞庭湖区的菜以烹制河鲜和家禽、家畜见长，特点是量大油厚，咸辣香软，以炖菜、烧菜、蒸菜出名。

湘西菜擅长制作山珍野味、烟熏腊肉和各种腌肉、风鸡，口味侧重于咸香酸辣，有浓厚的山乡风味。

湘菜的传统名菜有：东安仔鸡、剁椒鱼头、腊味合蒸、冰糖湘莲、红椒腊牛肉、发丝牛百叶、浏阳蒸菜、干锅牛肚、平江火焙鱼、平江酱干、吉首酸肉、湘西外婆菜、换心蛋等。

【实例　东安仔鸡】

相传在唐代开元年间，东安人开始烹制东安仔鸡——"醋鸡"。清末民初时，此菜被引入长沙，经官宦食客的宣扬，逐渐成为酒宴名肴，湖湘各地菜馆纷纷效法烹制。1972年，美国总统尼克松访华，毛泽东用东安仔鸡宴请宾客，受到宾客的赞扬。后东安仔鸡逐步流传到美洲、欧洲等地，并成为湘菜的风味当家菜肴之一。东安仔鸡如图3-1-19所示。

图3-1-19　东安仔鸡

（1）原料组成。

主料：嫩土母鸡1只（约1 000 g）。

调料、辅料：姜25 g、鲜米椒10 g、野花椒籽3 g、葱25 g、白醋100 g、料酒25 g、鸡清汤250 g、味精1 g、精盐4 g、熟猪油100 g、芝麻油4 g。

（2）制作过程。

1）将鸡宰杀后，去毛洗净，在食袋旁切口除去食袋，在肛门旁切口取出内脏，清洗干净，放入汤锅内煮5分钟再浸5分钟，捞出晾干，顺肉纹切成长5 cm、宽2 cm的条块。姜切成丝。鲜米椒切成细末。野花椒籽拍碎。葱白切成寸段，其余切葱花。

2）炒锅置旺火上，放入熟猪油烧至 200 ℃时，下鸡块、姜丝、鲜米椒末煸炒，再放白醋、料酒、精盐、野花椒籽继续煸炒，接着放入鸡清汤，焖 2 分钟，至汤汁收至三分之一时，放入葱白段、味精拌匀，淋入芝麻油，出锅装盘撒上葱花。

（3）成菜特点。造型美观，色泽鲜艳，肉质鲜嫩，酸辣爽口，肥而不腻，香气四溢，营养丰富。

四、徽菜的风味特色

徽菜原料以山珍野味、河鲜家禽为主，就地取材，以鲜制胜，菜肴地方特色突出并保证原料鲜活、天然；同时，徽菜制作精细，口味多变，品种繁多。

徽菜善用火候，火功独到；精于烧炖、烟熏和糖调，讲究"慢功出细活"，历来有"吃徽菜，要能等"的说法；色泽上油重色浓；品味上注重香辣、香鲜、软嫩，咸鲜微甜，原汁原味，常用茶叶制菜、火腿佐味、冰糖提鲜、香菜和辣椒配色；制法上以煨、炖、腊、蒸、炒诸法著称。徽菜菜式质朴、筵宴简洁，讲求实惠，重茶、重酒、重情义，反映出山民、耕夫、渔家和商户的诚挚；受徽州古文化和徽商影响较大，有古朴、凝重、厚实的气质。徽菜包括皖江菜、皖北菜、合肥菜和淮南菜。

皖江菜的主要特点是咸鲜微甜、酥嫩清爽，擅长红烧、清蒸和烟熏，以烹调河鲜、家禽见长，讲究刀工，注重形色，擅长用糖调味。

皖北菜的主要特点是咸鲜微辣、酥脆醇厚。

合肥菜擅长用咸货出鲜、酱料附味。

淮南菜以豆腐菜肴历史悠久、品种繁多而出名，豆腐宴有"白如玉、细如脂、嫩如肤、浓如酪"的美誉。

徽菜的传统名菜有：腌鲜鳜鱼、火腿炖甲鱼、黄山炖鸽、清蒸石鸡、香菇盒、问政山笋、双爆串飞、虎皮毛豆腐、香菇板栗、杨梅丸子、凤炖牡丹、双脆锅巴、徽州圆子、蛏干烧肉、青螺炖鸭、方腊鱼、一品锅、中和汤等。

【实例　腌鲜鳜鱼】

相传约在 300 年前，沿长江一带的商贩每年入冬前会将长江产的鳜鱼运至黄山、屯溪、歙县等地出售，由于交通不便，需要七八天才能抵达目的地。商贩们在途中为防止鲜鱼变质，采取摆一层鱼、撒一层盐的方法，并每天上下翻动。抵达屯溪等地后，鱼不仅没变质，还散发出一种特殊的"臭味"。经烹调后，其鲜香味较鲜鳜鱼有过之而无不及，久而久之，这种方法腌制的鲜鳜鱼便成为屯溪、黄山等地的席上珍品。腌鲜鳜鱼如图 3-1-20 所示。

图 3-1-20　腌鲜鳜鱼

（1）原料组成。

主料：腌好的鲜鳜鱼 1 条（约 700 g）。

配料：猪肋条肉（五花肉）35 g、冬笋 35 g、青蒜 20 g。

调料、辅料：酱油 30 g、菱角粉 6 g、姜 15 g、白糖 5 g、鸡汤 350 mL、熟猪油 70 g、料酒适量。

（2）制作方法。

1）冬笋去皮，洗净，煮熟，切片。青蒜择洗干净，切段。猪肉洗净，切片。姜切成末。

2）锅放火上，下熟猪油用大火烧至 180 ℃，将鳜鱼放入炸至淡黄色，倒入漏勺沥净油。

3）锅内留少许底油，将猪肉片、笋片放入锅内略煸；再将鳜鱼放入，加酱油、姜末、料酒、白糖和鸡汤烧开，转小火继续加热。

　　4）加热至汤汁将干时，撒入青蒜段，用菱角粉勾薄芡，淋少许熟猪油。

　　（3）成菜特点。鱼肉先腌后烧，嫩白鲜美，具有特殊香味。

 小贴士

鲜鳜鱼的腌制方法

　　将鲜鳜鱼放入木桶中，一层鱼，洒一层淡盐水（500 g 水放精盐 5 g），鱼摆满后，将桶盖好，每天将鱼翻一次身，桶内温度保持 25 ℃，放 7 天左右去鳞、鳃，剖腹去内脏，用清水洗净，在鱼身两面各剖几条斜刀花纹，放在风口处晾干。

课程 3-2　冷菜烹制

■ 学习单元 1　各客冷拼的拼摆

　　各客冷拼是指将冷拼原料根据每位用餐者需求进行定量的荤素搭配，设计制成具有一定艺术形状的冷盘。各客冷拼通过"形"的塑造、"色"的调配，表达完整的"意"。

一、各客冷拼图案的设计

　　构图是冷拼艺术的表现形式。冷拼在拼摆过程中，如果构图不合理，就会显得杂

乱无章。因此在冷拼图案设计时，必须灵活运用造型美的法则，对造型的形象、色彩组合进行认真的推敲和琢磨，处理好整体与局部的关系，使冷拼图案达到最佳的艺术效果。

1. 各客冷拼的要求

（1）实用为主。各客冷拼是高档宴席上的一类冷菜出品，首先要讲究实用性，要将可食性强和多种味型的菜肴拼摆在一个盘内。为了达到实用性的要求，必须以不牺牲原料的本质特性、不损害菜肴的口味、不损害食客的身体健康为原则，突出可食、好吃、有营养、有造型的特点。

（2）因材制宜。各客冷拼要根据烹饪原料的质地进行设计和构思，特别是要对其固有的颜色加以充分利用，使原料的本色得到保持并达到理想效果。很多冷拼原料色彩本来就很艳丽，如碧绿的西芹、洁白的鱼片等，如果不能很好地利用和发挥原料的本色，而是全凭臆想，滥施乱敷色彩，如为西芹着红装、为鱼片染绿色，结果只能是糟蹋了上好的原料。

因此，在各客冷拼的设计中，要做到设计理念与原料特性的高度和谐统一，通过设计呈现原料的美，创制出精美的各客冷拼。

（3）注重工艺。各客冷拼的制作要特别注重加工、烹调及装盘等工艺流程，在注重工艺的基础上制作出具有较高实用价值的优秀作品，突显具有各客冷拼特点的意趣和形象之美。

2. 各客冷拼的设计

冷拼图案的设计不同于一般绘画艺术，它与食用性密切相关，通过对烹饪原料的选用及工艺制作来体现，因此它受到食用目的和制作工艺的限制。冷拼图案的设计应有较强的韵律感，要有规律、有秩序地安排和处理各个制作环节。冷拼图案的设计要注意以下几点。

（1）构思。各客冷拼设计的基础是精心构思。在构思过程中，必须考虑内容与形式的统一，要做到布局合理、结构完整、层次清晰、主次分明、虚实相间。构思可以取材于现实生活，也可以取材于想象。因此在构思过程中，可以充分发挥想象力，尽情地表达内心的想法，把整体布局与结构确定下来后，再深入细致地去表现每个局部，做进一步的艺术加工。

（2）主题。各客冷拼设计要从整体出发。不论题材、内容如何，结构都要主次分明，突出主题。突出主题可以采用下列方法：一是把主要题材放在显著的位置；二是把主要题材表现得突出一些，或刻画得细致一些，或色彩对比鲜明、强烈一些。

（3）布局。各客冷拼设计要严谨。在设计过程中，解决布局问题至关重要。要从题材的定位来考虑冷拼的整体气势，其余设计可从属于这个布局和气势，从而使作品生动且具有较强的艺术感染力。

（4）骨架。各客冷拼设计的重点在于"骨架"，它如同花木的主干、建筑的梁柱，决定着各客冷拼的基本布局。在设计时，可以先在盘内定出骨架线，方法是：在盘内找出纵横相交的中心线，使之成为十字格，再加平行线相交，成为井字格，便于不同原料的准确定位和拼摆。

（5）虚实。各客冷拼造型都是由形象与"空白"组成的，类似于中国绘画构图中讲究的"见白当黑"，冷拼设计的意境就体现在"空白"上，巧妙处理虚实是构图的关键之一，也就是把"虚"当作"实"，并使虚实相间。

（6）完整。各客冷拼设计的表现内容要完整。各客冷拼设计要避免残缺不全，在构图形式上要求统一，结构上要合理而有规律，不可松散、零乱。题材的外形要完整，意境从头至尾要统一。

二、各客冷拼的原料选择

1. 各客冷拼的植物性原料选择

（1）红色原料主要有红辣椒、草莓、番茄、山楂糕、红枣、红樱桃等，这些原料使顾客感到冷拼色泽鲜明、香醇和富有营养。

（2）黄色原料主要有黄玉米粒、竹笋、嫩姜、菠萝、柠檬等，这些原料使顾客感到甜酸和娇嫩。

（3）白色原料主要有茭白、绿豆芽、银耳等，这些原料使顾客感到纯洁和清鲜。

（4）绿色原料主要有西芹、莴笋、黄瓜、青椒、菠菜、豌豆苗、苦瓜等，这些原料使顾客感到清淡、醒目、宁静。

（5）紫色原料主要有茄子、紫菜、紫洋葱、紫葡萄等，这些原料使顾客感到幽雅、神秘。

2. 各客冷拼的动物性原料选择

（1）红色原料主要有熟火腿、盐水大虾、酱肉、肴肉、卤鸭、红肠等，这些原料使顾客感到香醇和成熟。

（2）黄色原料主要有熟鲍鱼、油发鱼肚、肉松、橘汁鱼条等，这些原料使顾客感到明快和香酥。

（3）白色原料主要有熟蛋白、熟虾仁、熟鱼肉、熟鲜贝、熟鸡脯肉等，这些原料使顾客感到干净和爽快。

（4）黑色原料主要有海参、鳝背肉等，在各客冷拼中象征健康、庄重、坚实。

三、各客冷拼拼摆实例

1. 写意类各客冷拼的拼摆

【实例 "江南竹林"各客冷拼】

（1）原料组成

主料：寿司 60 g、大烤目鱼 60 g、盐水基围虾 50 g、白切鸡 50 g、奶糕 50 g。

配料：黄瓜 40 g。

（2）制作过程

1）将做好的寿司和大烤目鱼分别切成片摆于盘底，并紧靠左右。

2）把盐水基围虾去壳，切去头和尾摆于寿司前方。

3）将白切鸡和奶糕切成条，交叉摆放。

4）最后将黄瓜雕刻成竹子样放于盘中，呈向上生长状，黄瓜皮雕刻成竹叶摆于竹节边，即拼摆完成，成品如图 3-2-1 所示。

图 3-2-1　"江南竹林"

2. 写实类各客冷拼的拼摆

【实例　"三潭印月"各客冷拼】

（1）原料组成

主料：炝莴笋 50 g、蜜汁山药 50 g、卤牛肉 50 g、蛋黄鱼茸卷 50 g、盐水基围虾 50 g。

配料：凉拌芥蓝 40 g、薄荷 5 g。

（2）制作过程

1）将炝莴笋和蜜汁山药雕刻拼摆成西湖中的三个"潭"。

2）把卤牛肉切制并拼摆成假山形状，蛋黄鱼茸卷切制成两卷摆于"假山"边上。

3）盐水基围虾去壳，切去头和尾摆于"假山"后方。

4）凉拌芥蓝、薄荷等用于"假山"边点缀，似花草，即拼摆完成，成品如图 3-2-2 所示。

图 3-2-2　"三潭印月"

以上两款各客冷拼选用食用性强、口味多样的荤素原料拼摆而成，主题鲜明，造型生动，富有艺术性。

学习单元 2　各客冷拼的美化

各客冷拼的美化应特别注意冷盘本身的造型。美化时应综合考虑冷拼原料的性质、制作方法、口味口感、外形色泽和冷拼的寓意，并与主题、盛器、环境等配合进行构思，用写实和写意的手法进行艺术加工，从而达到画龙点睛、融为一体的装盘艺术效果。

一、用果蔬类原料美化

用果蔬类原料美化，就是利用颜色鲜艳的水果和蔬菜原料，通过简单加工和摆盘，在短时间内对菜品进行简易美化。

1. 果蔬类原料的特点

（1）果蔬类原料具有自然的鲜艳色泽和良好的质地，本身的外形、色泽和特质能引起人们的食欲。

（2）取材方便，可运用的果蔬众多。

2. 果蔬类原料美化的运用

（1）局部美化。在各客冷拼的构图中，可以将果蔬类原料进行简易雕刻或切配成象形图案进行美化，以弥补盘边局部空缺，烘托整体构图意境，起到突出主题的效果。如"宝石流露"中的"宝傲塔""海鸥"等的局部美化，如图 3-2-3 所示。

（2）点缀美化。根据各客冷拼的色调，在各客冷拼的局部放置些蔬菜类原料，或切制水果类原料放置于盘中，可起到补色增效的作用。例如"虾趣韵味"中用小花、澳橘等进行点缀、补色、美化，如图 3-2-4 所示。

图 3-2-3　宝石流露

图 3-2-4　虾趣韵味

（3）拼摆美化。拼摆美化是将果蔬类原料切制成形，拼摆成符合各客冷拼主题的小造型，起到美化构图的作用。例如"海韵"中用黄瓜切成薄片拼摆成"水花"造型进行美化，如图 3-2-5 所示。

图 3-2-5　海韵

二、用果酱画美化

用果酱画美化，是指用果酱（巧克力酱、酱汁、黑醋汁、蓝莓酱、蚝油等）在各客冷拼的盘边画些简洁的图案，用以装饰的方法。

果酱画的图案可以是简单的花纹、抽象曲线，也可以是写意的花鸟鱼虾，或是优美飘逸的中、英文。总之，简单、漂亮能给各客冷拼增光添彩的图案、符号都可以。

1. 果酱画美化的特点

（1）制作过程快捷方便，容易保存，节省空间，容易清洗，美化效果好，档次高，有意境，艺术感强。

（2）技术难度低，可操作性强。简单的可以画一些线条（如直线、弧线、折线、S形线等），复杂的可以画些花瓣、树叶或花鸟鱼虫等，简单易学。

2. 果酱画美化的运用

（1）果酱画常用的技法。

1）抹：用果酱画工具蘸一点酱汁，然后在盘中画出各种形状，色彩上的深浅变化能表现出写意的风格特点，适合于画花卉、鱼虾等。

2）点：将酱汁挤在盘中呈小的圆点或块，常用于画梅花、树叶、脚印、葡萄及其他果实等。

3）淋：将酱汁淋在盘中的指定位置呈点或线条状。

（2）果酱画美化的运用。果酱画美化应根据各客冷拼的颜色、形状和数量而定。以颜色为例，如果各客冷拼的主要颜色较浅（如白、浅黄、浅绿等），则可选择黑、紫、棕等颜色的果酱；如果各客冷拼的主要颜色较深（如红色、棕色、黑色等），则选用黄色、橙色、绿色等颜色的果酱。要使各客冷拼与果酱的颜色之间有一个明显的对比，突出各客冷拼的整体效果。

【实例 1　鸟类盘饰】

（1）原料组成。巧克力酱、草莓酱、绿色果酱等。

（2）制作过程。

1）在盘子的一角用巧克力酱画出树的枝干，用草莓酱画出树叶。

2）用各类果酱在树上画出一只鸟。

3）最后用巧克力酱写上盘饰的主题"相思"，如图 3-2-6 所示。

图 3-2-6　鸟类盘饰

【实例 2　荷花盘饰】

（1）原料组成。巧克力酱、草莓酱、绿色果酱等。

（2）制作过程。

1）先对荷叶和荷花进行构图，再用巧克力酱和绿色果酱勾画出荷叶。

2）用巧克力酱和草莓酱勾画出荷花的轮廓。

3）最后画出根茎，做最后的修饰，如图 3-2-7 所示。

图 3-2-7　荷花盘饰

三、用糖艺美化

糖艺是指将砂糖、葡萄糖或饴糖等通过配比、熬制、拉糖、吹糖等造型方法加工处理，制作成具有观赏性、可食用性和艺术性的食品装饰插件的加工工艺。糖艺作品色彩丰富，质感透剔，三维效果突出，目前在餐饮行业用小巧的糖艺作品来美化各客冷拼的做法已比较普遍。

1. 糖艺美化的特点

（1）造型优美。糖艺最突出的特点是造型，通过巧妙的创意和构思，以三维效果来表现造型，使其从任何角度观赏都具有艺术表现力。

（2）构思巧妙。充分利用原料的可塑性，调动一切艺术手法来巧妙构思，或形简意赅，或工整细致、惟妙惟肖、神形兼备。

（3）色泽靓丽。糖艺作品按色彩学的对比协调原则来设色，用色丰富，色泽美观，色调和谐，使人赏心悦目，进而促进食欲。

2.糖艺美化的运用

糖艺美化运用的作用在于对各客冷拼的"形"和"色"进行补充。对于各客冷拼"形"的平面性、单一性，可通过小型糖艺作品来弥补和衬托。对于各客冷拼"色"的单调，可用小巧的糖艺作品进行补色。

用糖艺制作的"卷草花""荷花"，如图 3-2-8、图 3-2-9 所示。

图 3-2-8　"卷草花"

图 3-2-9　"荷花"

总之，各客冷拼的美化应以各客冷拼为主体进行。一是依据各客冷拼的色泽，一般采用反衬法，若各客冷拼的主色为暖色，则美化用冷色。二是依据各客冷拼的形态，如丝、条、块、片等，可以采用果蔬类原料进行美化，使其形态美观。三是依据各客冷拼的口味，甜味各客冷拼可以用甜味果蔬类原料美化，麻辣味各客冷拼可以用味淡的果蔬类原料美化，等等。美化要以不影响各客冷拼的主体为原则。

课程 3-3　餐盘装饰

■ 学习单元　餐盘的装饰美化

一、餐盘装饰概述

1. 餐盘装饰的定义

餐盘装饰又称餐盘装饰美化，或菜肴装饰艺术，是指采用适当的原料或器物，经一定的技术处理后，在餐盘中摆放成特定的造型，以美化菜肴、提高菜肴食用价值的制作工艺。

餐盘装饰是近年来逐步发展并趋于成熟的菜肴美化工艺。在传统的菜肴制作中，菜肴美化采用的是对菜肴原料成形美化的模式，这种美化方法具有一定的局限性。为了提高菜肴的外观质量和视觉审美效果，餐盘装饰应运而生，成为菜肴的一部分，并形成了特有的制作工艺。

餐盘装饰美化的对象是菜肴，而不是餐盘本身。由于装饰原料与图形是根据菜肴的特点量身定制的，大多预先摆放于空的餐盘中，因此，这种装饰是对菜肴的装饰，是菜肴外在形式的扩展与延伸，是菜肴主体部分的陪衬，目的是使主体更醒目、更突出。

2. 餐盘装饰的特点

（1）用料范围以果蔬为主。适用于餐盘装饰的原料主要是瓜果和蔬菜类。这些原料的品种很多，颜色丰富，选用方便，既可以随着季节的变换选用时令果蔬，也可选用反季节的果蔬。特别是新的果蔬品种接连问市，颜色与形状的变化更加丰富，为餐盘装饰提供了丰富的原料。

（2）制作工艺崇尚简单便捷。由于餐盘装饰是菜肴的陪衬，因此决定了装饰技法要简单便捷。正因为简单、方便、快捷，所以餐盘装饰易于学习，易于掌握，易于应用。花很少的时间，采用简约的加工工艺，完成装饰过程，使菜肴变得外秀内美、好看好吃，这是餐盘装饰工艺得以存在和发展的关键。

（3）适用面广，美化效果好。餐盘装饰虽然不是每一道菜肴都需要的，但是它却能应用在不同类别、不同品种的菜肴中，既可以运用于高档的海鲜类菜肴中，也适用于普通的禽畜类菜肴和蔬菜类菜肴。餐盘装饰既可以为色形俱佳的菜肴锦上添花，也可以使色形平庸的菜肴绽放异彩。所以，只要装饰得恰如其分，就能够起到画龙点睛的美化效果。

3. 餐盘装饰的原则

餐盘装饰美化菜肴，应遵循以下原则。

（1）实用性原则。所谓实用性原则，是指餐盘装饰要始终坚持为菜肴服务。餐盘装饰是附属于菜肴的，它是菜肴的陪衬，而不是菜肴的主体。菜肴的内在品质、风味特色及其外在感官性状的优良，应着眼于菜肴制作过程中对原料的合理使用，以及加工方法的运用得当。因此，对于餐盘装饰而言，一是对有必要进行餐盘装饰的菜肴，才可以进行餐盘装饰，不必"逢菜必饰"，避免画蛇添足；二是主从有别，特别要注意避免花大力气进行华而不实、喧宾夺主的餐盘装饰；三是要克服为装饰而装饰的唯美主义倾向，过度装饰不一定是菜肴最美、最恰当的美化形式；四是提倡餐盘装饰中多选用能食用的原料，少用或者不用不能食用的原料，杜绝危害人体安全的原料。总之，餐盘装饰的首要目的是要为菜肴实用性服务，为提高菜肴的实用价值服务。

（2）简约化原则。所谓简约化原则，是指餐盘装饰的内容和表现形式要以最简约的方式达到最大的美化效果。繁杂琐碎不一定是美的，但也并不是说装饰原料用得越少就越好，餐盘装饰要看作是菜肴的"点睛"之笔，要少而精，少得恰到好处，无欠缺感，达到增一片一叶则过多、少一片一叶则嫌少的最佳效果。

（3）鲜明性原则。所谓鲜明性原则，是指餐盘装饰要形象、具体。事物的美总是存在于载体之中，离开了特定的载体，美也就无处依存了。所以，在餐盘装饰时，要善于利用装饰原料的颜色、形状、质地等属性，在盘中摆放出鲜明、生动和具体的图形。

餐盘装饰的鲜明性可以有多种多样的表现形式。无论采用何种形式、何种图形，千万不能割断其与菜肴的有机联系。在实际操作中，那些用晦涩的符号、凶猛的野兽以及抽象的人物来表现的形象，即便刻画得栩栩如生，但是如果它们和菜肴并没有任何内容与形式上的联系，不仅无法提升菜肴的美感，反而会影响菜肴本身的美。

（4）协调性原则。所谓协调性原则，是指餐盘装饰自身及其与菜肴之间的和谐。餐盘装饰虽然大多是在盛装菜肴之前进行的，但却是根据菜肴的需要设计的，要充分考虑到它们之间在表达主题、造型形式以及原料选择上的联系，使餐盘装饰与菜肴成为一个有机联系的整体。

二、餐盘装饰原料的选用

餐盘装饰原料的选用有一定的要求，具体为：要选择符合食品卫生要求的烹饪原料；要选用新鲜质优的烹饪原料，如用于餐盘装饰的蔬菜、水果，要选新鲜脆嫩、肉实不空的原料；要选用色彩鲜艳光洁、形态端正适用的烹饪原料，色彩鲜艳有助于突显美化效果，形态端正适用有助于因料取势，省时省力，能收到事半功倍的效果；要选择既可用于观赏又可食用的烹饪原料；要选择可调味的烹饪原料。如果使用仅限观赏的装饰原料及其他物品，在使用前要洗涤干净，并进行消毒处理。

1. 餐盘装饰植物类原料的选用

（1）蔬菜类。用于餐盘装饰的蔬菜类原料很多，主要有以下六类。

1）叶菜类：白菜、油菜、芹菜、生菜、葱等。

2）块茎菜类：莴笋、竹笋、芋头、莲藕、生姜等。

3）根菜类：白萝卜、心里美萝卜、胡萝卜、红薯等。

4）花菜类：花椰菜等。

5）果菜类：黄瓜、南瓜、苦瓜、番茄、茄子、红椒、青椒、嫩豌豆等。

6）食用菌类：黑木耳、香菇、发菜等。

（2）果类。用于餐盘装饰的水果和瓜果品种较多，且能直接食用。

1）新鲜水果：樱桃、草莓、葡萄、李子、香蕉、柚子、橙子、火龙果、菠萝、猕猴桃、柠檬、哈密瓜、西瓜等。

2）干果：核桃仁、松子仁、瓜子仁、杏仁等。

（3）粮食类。主要有面粉、米粉等。

2. 餐盘装饰动物类原料的选用

（1）蛋类及其制品：熟鸡蛋、咸鸭蛋、松花蛋、蛋黄糕、蛋白糕、蛋皮等。

（2）肉制品：火腿、红肠、猪耳糕、肉松等。

（3）水产品及其制品：河虾、沼虾、龙虾等。除以上原料外，海产品中一些形美色艳而又珍贵的贝类动物的壳也是装饰菜肴、盛放菜肴的好材料。

三、餐盘装饰的方法

根据餐盘装饰的空间构成形式的区别，餐盘装饰的方法有：全围式装饰、半围式装饰、对称式装饰、中心式装饰、覆盖式装饰等。

1. 全围式装饰

全围式装饰就是沿餐盘的周围拼摆花边，如图 3-3-1 所示。这类花色围边基本上是依器定形，即餐具是圆形的，围成的花边也是圆形的；餐具是椭圆形的，围成的花边就是椭圆形的。在此基础上，还可以变换图形，如圆形中套方形、椭圆形中套菱形等。而图形中留出的方形、菱形空白，则是盛装菜肴的地方。

图 3-3-1　全围式装饰

全围式装饰运用最多的是用来盛装单个菜肴。如果是对拼或三镶的菜肴，采用全围式时，需要对已经围起来的空白再做分割。如对拼菜肴采用居中而分的形式；而三镶菜肴既可以均等分割，也可以不均等分割。摆全围式装饰时，装饰原料的叠放层次分为叠单层、叠双层和叠多层。全围式装饰可以给人以端庄、稳定、平和的美感。

2. 半围式装饰

半围式装饰是在餐盘的半边围摆造型，如图 3-3-2 所示。在实际应用时，半围式边缘的长度不能机械地理解成只能是餐盘的一半，要根据设计图形的要求，需要围多长就围多长。半围式围边的造型既有抽象图案的，也有具象图案的，但无论选择哪种形式的造型，都要处理好与菜肴主体的位置关系、比例关系、形态和色彩的搭配关系。半围式装饰可以给人以围中见透、围中有放、扩展舒朗的美感。

3. 对称式装饰

对称式装饰是在餐盘周围对称地围摆花边，如图 3-3-3 所示。对称式装饰给人以围透结合、似围非围的美感。

图 3-3-2　半围式装饰

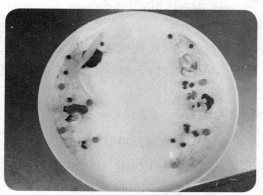

图 3-3-3　对称式装饰

4. 中心式装饰

中心式装饰是在餐盘的中心点或中轴线上进行装饰的方法，如图 3-3-4 所示。

中心式装饰的留空在四周，适用于分体成形而后再组合的菜肴。如"葫芦虾蟹"，它是用网油将虾蟹肉包入其中制成葫芦形，油炸成熟后，由 10 个单体"葫芦"组合成一份菜，装在中心式装饰的盘中是最恰当的。中轴线装饰的留空在两边，可以分放两种不同的菜肴。

图 3-3-4　中心式装饰

若用圆盘，中心式装饰留空处是夹在餐盘与装饰物之间的，一种为圆环形的空，一种为半圆形的空。前一种适合装分体造型的菜肴，而后一种则适合装两种不同风味的菜肴。

5. 覆盖式装饰

覆盖式装饰是指将原料切制成形摆在盘中，摆成具有美感的图案，再将烹调而成的菜肴摆放在上面，如图 3-3-5 所示。

图 3-3-5　覆盖式装饰

四、餐盘装饰的注意事项

1. 餐盘装饰必须符合卫生要求

对于餐盘装饰，卫生是第一位的。不符合卫生要求的餐盘装饰，再好看也不能使用。餐盘装饰应用要注意以下几方面的卫生问题。

（1）原料卫生

1）选用对人体无毒无害的原料。

2）蔬菜、水果等原料必须彻底洗净，在不影响外观、色泽的情况下，蔬菜原料要经焯水处理，鲜果用开水烫洗或用清水洗净后再用。

3）用于装饰的贝壳、雨花石等必须进行严格的消毒处理。

4）使用不能食用的果蔬原料作装饰物时（如南瓜雕刻作品），要用可食果蔬原料进行分隔，使其不与菜肴直接接触。

5）可食性装饰原料中不要添加人工合成色素。

（2）操作卫生

1）取用原料时，要区分经过卫生处理的原料与未经卫生处理的原料，不能混放、混取、混用。

2）拼摆、整理餐盘装饰时，切忌用一布多用的抹布或用手去擦拭。

3）餐盘装饰完成后，如果不是即时盛装菜肴，要用保鲜膜将餐盘封裹严实。

2. 餐盘装饰必须处理好色彩搭配

（1）用于装饰的原料色彩应当与餐盘的色彩构成鲜明的对比，以突显装饰原料的色彩。

（2）装饰原料相互间的色彩搭配应既有变化又相互协调。

（3）装饰原料的色彩与菜肴色彩的搭配，一般以对比、明快为好，要将菜肴色彩的美衬托得更加醒目。如果两者之间采用相近色彩搭配，装饰原料的色彩应与菜肴色彩融为一体，而不应妨碍菜肴色彩的表现。

3. 餐盘装饰必须处理好造型的协调

（1）选择摆放装饰的餐盘，应与装饰图样的造型、色彩相协调。也就是说，装饰造型、色彩与餐盘的搭配应该是和谐的，如红花、绿叶放在白色盘子的一端，它们之间是相互协调的。

（2）餐盘装饰的体量大小，应与餐盘的大小和菜肴的体量相互协调。体量过小的装饰造型无法发挥应有的装饰作用；体量过大、过高的装饰造型，则会挤压盛装菜肴的空间，产生主次不分、轻重倒置、重心不稳的感觉。另外，留出的空间与菜肴的体量要相适应，若留空小，盛放菜量大的菜肴会有胀溢的感觉；若留空大，盛放菜量小的菜肴会有欠缺的感觉。

（3）餐盘装饰造型摆放的位置应恰当。应留出空边摆放的装饰造型，就不能贴边摆放；应居中摆放的装饰造型，就不能偏离中心或中轴线摆放。

4. 餐盘装饰造型应与菜肴本身相呼应

（1）在立意与造型上要有直接联系。例如，在立雕"蟹篓"的周围装饰"陈皮碎蟹"，在"蝴蝶鱼"造型菜的前面摆放"花卉"的装饰，等等，其造型、取意是紧密联系在一起的。

（2）装饰造型应与菜肴的某种属性相契合。例如，"莲藕"的造型装饰配放炸藕夹菜肴，芙蓉鸡片的旁边摆放立雕作品"金鸡"，等等，也就是说，装饰造型提示了其与菜肴原料之间的联系。

（3）装饰造型与菜肴造型的"暗合"。如"寿桃鱼线"一菜，"寿桃"采用象形式围边，"寿桃"中装的是炒鱼线，虽然两者之间在形状上是没有联系的，但因为绵延不断的鱼线与蕴含延年益寿寓意的"桃"在意方面是相通的，所以这样的造型也有融为一体的感觉。

厨房管理

课程 4-1　成本管理

■ 学习单元 1　厨房管理和成本管理概述

一、厨房管理概述

厨房是加工、生产、制作菜肴、点心等食物的场所。

1.厨房管理的定义

厨房管理就是在现代管理理论的指导下，将厨房人力、设备、原料等各种资源进行科学设计和整合，以提高工作效率，提供品质优良且持续稳定的菜品，从而在满足顾客需求的同时，为企业创造良好的口碑和较好的效益。

2.厨房管理的内容

厨房管理的内容包括厨房组织机构、厨房人力资源管理、厨房设计布局、厨房设备管理、厨房生产管理、厨房产品质量管理、厨房成本管理、厨房卫生和安全管理等内容。

其中，厨房组织机构、厨房生产管理、厨房产品质量管理、厨房成本管理将在后文中详细论述。厨房人力资源管理是根据企业的餐饮规模、档次、经营特色和厨房组织机构的设置，以及厨房的结构、布局状况，经与企业人力资源管理部门协商，决定员工的配备数量，确定各工种的用工人数比例，在岗位工作量与厨房生产总量相适应的基础上，通过考核和管理实现最佳的工作效果。

厨房设计布局是根据餐饮企业经营需要，对厨房各功能所需面积进行分配，对各区域进行定位，进而对各区域、各岗位所需设备进行配置，从而统筹计划和安排工作。

厨房设备管理就是对厨房设备的使用与维护采用合理、科学的方法进行管理。厨房设备是厨房生产运作必不可少的物质条件，管理好设备才能保证厨房生产的顺利进行。

厨房卫生管理是从原料采购到服务和销售，全程对原料卫生及每个环节、每个岗位人员的卫生操作进行检查、督导与完善的系列管理工作。

厨房安全管理是餐饮企业在遵循预防为主原则的前提下，为了保证厨房连续不断、有序地开展生产工作，制定系统全面、切实可行的管理制度、操作规范和各项安全生产要求等系列管理工作。安全管理到位，才能有效防止厨房日常运转过程中烫伤、扭伤、割伤、火灾等事故的发生。

3.厨房管理的作用

（1）通过厨房管理，可以有效地激发员工积极性。运用情感管理，配合薪酬、制度及流程管理等手段，激发厨房员工的工作热情，充分调动员工的工作积极性，是厨房管理的重要任务。

（2）通过厨房管理，可以有效地完成餐饮企业制定的各项任务指标。

1）完成餐饮企业制定的营业收入指标。

2）实现餐饮企业制定的毛利及净利指标。

3）达到餐饮企业制定的成本控制指标。

4）符合餐饮企业及卫生防疫部门制定的卫生指标。

5）达到餐饮企业制定的菜点质量指标。

6）完成餐饮企业制定的食品创新、促销活动指标。

（3）通过厨房管理，可以建立高效的运转管理系统，主要包括人员配备、组织管理层次设置、信息传递、质量监控、原料货源组织、出品销售协调指导等。

（4）通过厨房管理，可以制定切实有效的工作规范和产品标准。关于厨房生产的规格、标准、要求，管理者与员工要达成一致，在工作过程中要切实可行，可以用来衡量和检查工作的质量和效果，要保持一致、贯彻始终。

（5）通过厨房管理，可以有效地进行科学设计和厨房布局。科学的厨房布局有利于提高厨房生产效率，厨房可根据餐厅供应品种的变化进行布局调整。

（6）通过厨房管理，可以有效地制定系统的管理制度。制定厨房管理制度必须注意以下几点。

1）要从便于管理和保护员工利益的角度出发。

2）内容要切实可行，便于执行和检查。

3）措辞要严谨，厨房管理制度与餐饮企业总体制度之间不应有矛盾的地方。

4）要以正面要求为主，注重激励。

（7）通过厨房管理，可以有效地进行督导，使厨房有序运转。厨房最繁忙的时候应该是餐厅客流量最大的时候，因此开餐前厨房各部门应加强管理，做好准备工作。

二、厨房成本管理概述

厨房成本管理是餐饮企业财务管理的重要组成部分，餐饮企业经营活动的一切支出都要和成本费用发生联系。成本费用是经营耗费补偿的最低界限，是制定价格的基础，是餐饮企业进行经营决策的重要依据。厨房成本管理水平的高低，能够直接体现餐饮企业成本费用控制的水平，同时也能够决定餐饮企业利润的多少。

通过厨房成本管理，可以达到餐饮企业制定的成本控制指标，实现餐饮企业制定的毛利及净利指标，最终完成餐饮企业制定的营业收入指标。

学习单元 2　厨房菜品成本控制

根据厨房菜品成本控制的阶段，可以分为厨房生产前的控制、厨房生产过程中的控制和厨房生产后的控制。可针对三个阶段的不同特点，强化成本控制意识，建立完善控制系统，将生产成本控制落实到每个业务环节之中。

一、厨房生产前的控制

厨房生产前的控制主要是对生产原料进行管理与控制以及对成本进行预算控制等。

1. 采购控制

采购的目的在于以合理的价格，在适当的时间，从可靠的货源渠道，按既定规格和预定采购数量购回生产所需的各种原材料。采购控制主要体现在对欲购进原料的质量、数量和价格三个方面的控制。

2. 验收控制

验收控制一方面要检查原料质量、数量以及采购价格是否符合采购要求，另一方面要确保各类原料尽快使用或入库存放。

3. 储存控制

储存控制具体要落实到人员控制、环境控制以及库房的日常管理三个方面。

4. 发料控制

发料控制是原料成本控制中的一个重要环节，发料时要严格执行审批制度，规定领料的次数和时间，发料人员要如实统计当天发出的原料总成本。

5. 成本预算控制

做好成本预算工作是开展厨房生产的前提，餐饮企业要借助以往销售记录和成本报表，结合当前实际情况，逐步分解和确定每月每日成本控制指标，以便管理人员随时对照和改进。这样便于从宏观入手，在微观上把控，使生产成本控制有章可循。

二、厨房生产过程中的控制

厨房生产过程中的控制主要体现在对原料加工使用环节的控制上，包括以下几个方面。

1. 加工制作测试

准确掌握各类原料净料率，确定各类原料加工、制作损耗的许可范围，以检查加工、切配工作的绩效，防止和减少加工与切配过程中的原料浪费。

2. 制订厨房生产计划

厨师长应根据业务量进行预测，从而制订每天的生产计划，确定各种菜肴的数量和份数，据此决定领料数量。生产计划应提前数天制订，以便根据情况变化及时调整。

3. 坚持按标准投料

厨师在具体操作中要严格按照标准食谱进行加工和制作。

4. 控制菜肴分量

按照既定装盘规格所规定的品种、数量进行装盘，否则会影响菜肴成本，导致利润的偏差。

另外，常用原料的集中加工、高档原料的慎重使用以及原料的充分利用等也是厨房生产中必须注意的事项，这些举措能够在厨房生产中降低原料成本。

三、厨房生产后的控制

厨房生产后的成本控制主要体现在实际成本发生后，与预算当月、当周、当日成本进行比较、分析，及时找出偏差原因进行适当调整。具体要注意以下几种情况。

一是企业经营业务不太繁忙时，原料采购频率要提高，尽量减少库存损耗。

二是少数菜品成本偏高时，可采用保持原价而适当减少菜品分量的办法，以抵消成本增长。当然，净料减量必须有度，以免引起顾客的不满，进而影响企业的声誉。

三是对于成本较高，但在菜单中占销售量比重大的菜品，则可以考虑下述几种办法控制成本。

（1）企业可通过促销手段来增加这些菜品的销量。

（2）适当减少菜品的分量。

如果上述做法都不可行，则可以通过调整售价的办法来弥补成本。但这种做法要注意顾客的接受程度，把握适宜的调价时机。

当然，如果出现某种菜品成本偏低的情况，则要检查分析成本降低的原因，是进价便宜还是工艺改进，可能的情况下可将其作为促销产品。

■ 学习单元 3　厨房菜品成本核算报表

一、厨房菜品成本核算日报表

厨房管理人员既要了解菜品的实际成本和成本率，也应确定菜品的标准成本和成本率。简单控制菜品成本率并不能解决生产中出现的问题，还要了解本段时间内具体的用料成本。

1. 与标准成本进行比较，控制生产成本

采用标准成本进行控制，制定和使用标准食谱是一项重要工作。成本控制员可与厨师长一起，制定出各种菜品每份的标准成本。同时，成本控制员应根据价格变动，定期或不定期地调整标准成本卡中的成本价格，及时计算进价变动后的实际成本，保证成本控制的准确性。

比较标准成本控制即从原料用量上对成本进行控制，用实际用量与标准用量进行比较，以达到从原材料用量上进行成本控制的目的。

如果实际用量与标准用量相差较大，必须检查原因。实际用量大于标准用量的主要原因有：操作中未按标准用量投料，用料分量超过标准食谱上的规定；操作中有浪费现象，如发生菜品制作失手重新制作等情况；原料采购不当造成净料率过低，如使用河虾挤虾仁时，原料品质对出净率影响较大；库房、厨房和餐厅中存在的其他问题。

2. 用菜品成本日报表进行控制

厨房每日菜品成本由直接进料成本和库房领料成本两部分组成。直接进料成本计入当天原料成本，其数据可从餐饮企业每天的进料日报表上得到；库房领料的成本计入领料日的菜品成本，其数据可从领料单上汇总得到。除了这两种成本以外，还应考虑各项调拨调整的成本，计算公式如下：

当日菜品成本 = 直接进料成本（进货日报表直接进料总额）+ 库存领料成本

（领料单成本总额）+ 调入成本 – 调出成本 – 余料出售收入 –

员工用餐成本 – 招待用餐成本

计算出菜品日成本后，再从财务记录中取得日销售额数据，可计算出日菜品成本率。

菜品成本日核算能使管理者了解当天的成本状况。若单独地看每日菜品成本率，意义不大，因为餐饮企业的直接进料有些是日进、日用和日清，而有些则是一日进、数日用；另外，库房领料也未必当天领进当天用完。因此，菜品成本日报表所反映的成本情况，只能供管理参考。对每日成本进行记录，连续观察分析，将菜品成本日报表反映的数据（尤其是累计成本率等数据）用于成本控制决策，则具有很好的指导意义。

每天定时将当日或昨日餐饮成本发生的情况，以表格的形式汇总反映出来，厨房菜品成本核算日报表即告完成。

二、厨房菜品成本核算月报表

厨房菜品成本月核算就是计算一个月内的菜品销售成本。通常需要为餐饮部门设一个专职核算员，每天营业结束后或第二天早晨对当天或前一天营业收入和各种原料进货、领料的原始记录及时进行盘存清点，做到日清月结，便可计算出月菜品成本。

1. 领用原料成本计算

其计算公式为：

领用原料成本 = 月初原料库存额（本月第一天原料存货）+ 本月进货额（月内
入库、直接进料）- 月末账面库存额（本月最后一天账面存货）

2. 账面差额调整

根据库存（如仓库、厨房周转库房、冷库）盘点结果，若本月原料实际存额小于账面库存额，应将多出的账面库存额加入原料成本；若实际库存额大于账面库存额，应从原料成本中减去实际库存额多出的部分。账面差额的计算公式为：

账面差额 = 账面库存额（本月最后一天账面库存额）-
月末盘点存货额（实际清点存货额）

月终调整后的实际领用原料成本为：

实际领用原料成本 = 未调整前领用原料成本 + 账面差额

3. 专项调整

前两项计算结果之和所得的原料成本，其中可能包括已转给其他部门的原料成本，也可能未包括从非食品部门转入的原料成本。为了能如实反映月菜品成本，还应对上述原料成本进行专项调整，减去非营业性支出。经过专项调整后所得的菜品成本为当月的月终菜品成本，计算公式如下：

月终菜品成本 = 领用原料成本（含烹调用料酒等）+ 其他部门转入原料成本 -
其他部门转出原料成本 - 余料出售收入 - 员工用餐成本 -
招待用餐成本

将当月或上月各项餐饮成本发生情况加以汇总，即为厨房菜品成本核算月报表。

课程 4-2　厨房生产管理

■ 学习单元 1　厨房生产各阶段的管理细则

一、厨房生产管理概述

1. 厨房生产管理的定义

厨房产品大多要经过多道工序才能生产出来。菜肴的生产工序为：原材料选择→初加工→刀工处理→配菜→烹调→成菜装盘。面点的生产工序为：和面→揉面→搓条→下剂→制皮→制馅→上馅→成形→熟制→成品装盘。

厨房生产管理就是厨房各个工序、工种和工艺的密切配合，按序操作，按规格保质保量出品。概括地讲，厨房生产管理主要集中在加工、配份和烹调三大阶段，以及面点、冷菜相对独立的两大生产环节。

2. 厨房生产管理的内容

厨房生产管理的内容包括原料加工管理、菜肴配份、烹调与开餐管理、烹调质量管理、冷菜和面点生产管理、标准食谱管理等内容。

3. 厨房生产管理的作用

（1）增强安全性。安全是厨房生产的前提，厨房是制作食物的场所，对加工、配份和烹调三大阶段的管理增加了其安全性。

（2）提高便利性。厨房生产管理也是整个流程的再造，可简化生产环节，让各个工序、工艺和设备密切配合，提高操作的便利性。

（3）增加可靠性。通过对厨房生产的管理，如设备的常规维护、厨师团队的保持稳定、菜品质量的把控等，都可以增加生产的可靠性。

二、厨房加工阶段的管理细则

加工阶段包括原料的初加工和深加工。初加工是指对冰冻原料进行解冻，对鲜活原料进行宰杀、洗涤和初步整理等；而深加工则是指对初加工原料的切割成形和浆腌处理等。这一阶段的工作是整个厨房生产制作的基础，原料加工品的规格、质量和出品时效对其他阶段的厨房生产会产生直接影响。除此以外，加工质量还决定原料净料率的高低，对厨房的成本控制也有较大影响。

1. 加工质量管理

加工质量主要包括冷冻原料的解冻质量、原料的加工净料率等几个方面。

冰冻原料解冻，即采取适当的方法，使冰冻状态的原料恢复新鲜、软嫩的状态，以便烹饪。冰冻原料解冻，要使解冻后的原料尽量减少汁液流失，保持其风味和营养，解冻时必须注意以下几点。

（1）解冻介质温度要尽量低。用于解冻的空气、水等，温度要尽量接近冰冻物的温度，使其缓慢解冻。解冻时可将原料适时提前从冷冻库领至冷藏库进行部分解冻，解冻时将原料置于空气或水中，要力求将空气、水的温度降低到 10 ℃以下（如用碎冰、冰水等解冻）。切不可操之过急，将冰冻原料直接放在热水中化冻，造成原料外部未经烧煮已经半熟，使原料的营养、质地、感官质量都受到破坏。

（2）被解冻原料不要直接接触解冻介质。冰冻保存原料主要是抑制其内部微生物活动，以保证其质量。解冻时，微生物随着原料温度的回升而渐渐开始活动，加之解冻需要一定的时间，解冻原料无论是暴露在空气中，还是浸泡在水中，都易氧化、被微生物侵袭和发生营养流失。因此，若用水解冻，最好用聚乙烯薄膜包裹解冻原料，然后再进行水泡或水冲解冻。

（3）外部和内部解冻所需时间差距要小，解冻时间越长，受污染的概率、原料汁液的流失就越多。因此，在解冻时，可采用勤换解冻介质的方法（如经常更换用于解冻的碎冰、冰水等），以缩短原料内外解冻的时间差。

（4）尽量在半解冻状态下进行烹饪。有些需用切片机进行切割的原料，如涮羊肉肉片、炖狮子头的肉粒，原料略做化解，即可进行切割。

原料的加工出净，是指有些完整的、没有经过分档取料的毛料，需要在加工阶段进行选取净料（剔除废料、下脚料）处理。加工净料率是指加工后可用作菜肴烹调的净料和未经加工的原料重量的百分比。净料率越高，原料的利用率越高；净料率越低，菜肴单位成本越大。原料的加工出净可以采用对比考核法，即对每批新使用的原料进行加工测试，测定净料率后，再交由加工厨师或助手操作。在加工厨师操作过程中，对领用原料和加工成品分别进行称重计重，随时检查，看是否达标；未达标准则要查明原因。如果是技术问题造成的，要及时采取有效的培训、指导等措施；若是态度问题，则更需强化检查和督导。同时可以经常检查下脚料和垃圾桶，检查是否还有未被利用的可用原料，引起员工的高度重视。

2. 加工数量管理

原料的加工数量主要取决于厨房配份等岗位销售菜肴、使用原料的多少。加工数量应以销售预测为依据，以满足生产为前提，留有适当的储存周转量，避免加工过多而造成质量下降。

厨房原料加工数量的控制，是厨房管理的重要基础性工作。原料加工量多了，如使用量不足，就会出现大量过剩，加工成品原料质量会急剧下降，甚至成为垃圾被废弃；如加工量少了，经营使用会出现断档，开餐期间免不了混乱。加工原料数量的确定和控制，其运作过程如下。

（1）各配份、烹调厨房根据下一餐或次日预订和客情预测提出加工成品数量要求，按约定时间（如中午开餐后、下班前）提交加工厨房。

（2）加工厨房收集、分类汇总各配份、烹调厨房加工原料需求。按各类原料出净率、涨发率，推算出原始原料（即市场购买原料）的数量，作为向仓库申领或向采购部申购的依据。此申购总表必须经厨师长审核，以免过量进货或进货不足。待原料进入餐厅之后，再经加工厨房分类加工，继而根据各配份、烹调厨房预定，进行加工成品原料的分发。这样可较好地控制各类原料的加工数量，并能及时周转发货，保证厨房生产的正常进行。

3. 加工工作程序与标准

加工阶段的工作，除了对原料进行初加工和深加工之外，大部分餐厅厨房产品的活养也归此阶段管理。

（1）禽类原料加工程序

1）标准与要求

①杀口适当，血液放尽。

②羽毛去净，洗涤干净。

③内脏、杂物去尽，物尽其用。

2）步骤

①备齐待加工的禽类原料，准备用具、盛器。

②将禽类原料按烹调需要宰杀煺毛。

③根据不同烹调要求进行分割，洗净沥干。

④将加工后的禽类原料交切割岗位切割。

⑤将切割后的禽类原料交上浆岗位浆制，或根据需要用保鲜膜封好，放置于冷藏库规定位置，留待取用。

⑥清洁场地，清运垃圾，整理、保管用具。

（2）肉类原料加工程序

1）标准与要求

①用肉部位准确，物尽其用。

②污秽、杂毛、筋膜剔尽。

③分类整齐，成形一致。

2）步骤

①备齐待加工的肉类原料，准备用具、盛器。

②根据菜肴烹调规格要求，将所用的猪、牛、羊等肉类原料进行清洗和切割。

③将加工后的肉类原料交上浆岗位浆制，或根据需要用保鲜膜封好，放置于冷藏库规定位置，留待取用。

④清洁场地，清运垃圾，整理、保管用具。

（3）水产类原料加工程序

1）标准与要求

①鱼：除尽污秽杂物，去鳞则去尽，留鳞则完整；血放尽，鳃除尽，内脏杂物去尽。

②虾：须壳、泥肠、脑中污沙等去尽。

③河蟹：整只用蟹，刷洗干净，捆扎整齐；剔取蟹粉，肉、壳分清，壳中不带肉，肉中无碎壳，蟹肉与蟹黄分别放置。

④海蟹：去尽腹脐等不能食用部分。

2）步骤

①备齐待加工的水产品，准备用具、盛器。

②对虾、蟹、鱼等原料进行宰杀加工，洗净沥干，交切割岗位。

③将剔蟹粉的蟹蒸熟，分别剔取蟹肉、蟹黄，鱼、虾等用保鲜膜封好，入冷藏库待领。

④清洁场地，清运垃圾，整理、保管用具。

（4）蔬菜类原料加工程序

1）标准与要求

①无老叶、老根、老皮及筋络等不能食用部分。

②修削整齐，符合规格要求。

③无泥沙、虫卵，清洗干净，沥干水分。

④合理放置，使其不受污染。

2）步骤

①备齐待加工的蔬菜，准备用具、盛器。

②按烹制菜肴要求对蔬菜进行拣择或去皮，或择取嫩叶、菜心。

③分类清洗蔬菜，保持其外形完好；沥干水分，置筐内。

④交厨房领用或送冷藏库暂存待用。

⑤清洁场地，清运垃圾，整理、保管用具。

（5）原料切割工作程序

1）标准与要求

①大小一致，长短相等，厚薄均匀，放置整齐。

②用料合理，物尽其用。

2）步骤

①备齐需切割的原料，化冻至可切割状态，准备用具及盛器。

②对切割原料进行初步整理，铲除筋、膜、皮，斩尽脚、须等。

③根据不同烹调要求，分别对畜、禽、水产品、蔬菜类原料进行切割。

④区别不同用途和领用时间，将已切割原料分别包装冷藏或交上浆岗位浆制。

⑤清洁场地，清运垃圾，整理、保管用具。

（6）加工原料上浆工作程序

1）标准与要求

①调味品用料合理，用量准确。

②浓度适当，色泽符合菜肴要求。

2）步骤

①将需上浆的原料进行解冻，化至自然状态。

②领取、备齐上浆用调味品，清洁整理上浆用具。

③对白色菜肴的上浆原料进行漂洗。

④沥干或吸干原料水分。

⑤根据烹调菜肴要求，对不同原料按上浆用料规格分别进行浆制。

⑥已浆制好的原料放入相应盛器，用保鲜膜封好后，入冷库暂存留待领用。

⑦整理调味品及其用料，清洁用具并归位；清洁工作区域，清运垃圾。

三、厨房配制阶段的管理细则

菜肴配份与烹调一般在同一间厨房完成，工作虽属两个不同岗位，但联系相当密切，沟通特别频繁，开餐期间，这里也常常是厨师长最为关注的地方。

菜肴配份是指根据标准食谱，即菜肴的成品质量特点，将菜肴的主要原料、配料及料头（又称小料）进行有机组合，以供烹调。配份阶段是决定每份菜肴的用料及成本的关键，甚至生产的无用功（即产品出去了，但利润没收回）也会在这里出现。

烹调阶段则是将已经配份好的主料、配料、料头，按照烹调程序进行烹制，使菜肴由原料变成成品。烹调阶段是确定菜肴色泽、口味、形态、质地的关键环节。烹调阶段控制得好，就可以保证出品质量和出菜节奏；控制不力，会造成出菜秩序混乱，菜肴回炉返工率高，顾客投诉增多。

1. 配份数量管理

配份数量管理具有两方面的意义。一方面它可以保证配出的每份菜肴分量合乎规格，成品饱满而不超标，使每份菜肴产生应有的效益。另一方面，它又是成本控制的核心。因为原料通过加工、切割、上浆，到配份岗位时其单位成本已经很高。如果配份时疏忽大意或大手大脚，造成原料浪费，菜肴成本就会居高不下，成本控制就较为困难。

2. 配份质量管理

菜肴配份，首先要保证同样的菜名其原料配份必须相同。配份不一，不仅影响菜肴的质量，而且还影响到餐饮企业的社会效益和经济效益。按标准食谱进行培训，统一配菜用料，并加强岗位监督、检查，就可有效地防止随意配份现象的发生。

配份岗位操作应考虑烹调操作的方便性。每份菜肴的主料、配料、料头配放要规范，有利于烹调操作，也能为提高出品速度和质量提供保证。配菜时还要严格防止配错菜、配重菜和配漏菜现象出现。一旦出现上述疏漏，既打乱了整个出菜次序，又妨碍了厨房的正常操作，会造成开餐高峰期工作的被动。控制和防止配错、配重、配漏菜的措施，一是制定配菜工作程序，理顺工作关系，责任到人；二是健全出菜制度，防止有意或无意配错、配重、配漏菜现象发生。

（1）料头准备工作程序。料头又称小料，即配菜所用的葱、姜、蒜等佐助配料，其成形大多较小。料头的准备工作，开餐前由配菜师根据需要完成。虽然这些小料用量不多，但在配菜与烹调过程中具有很重要的作用，为避免使用时的短缺，应提前足量预备，在开餐高峰期尤其如此。

1）标准与要求

①大小一致，形状整齐美观，符合规格要求。

②数量适当，品种齐全，满足开餐配菜需要。

2）步骤

①领取、洗净各类料头原料，分别定位存放。

②根据烹调菜肴需要，按切配料头规格对原料进行切割。

③将切好的料头，区别性质、用途，分别干放或水养（放在水中保存），置于固定器皿中和位置上，并用保鲜膜封好。

④清洁砧板、工作台，将用剩的料头原料放回原位。

⑤开餐时揭去保鲜膜，根据配菜要求分别取用各种料头。

（2）配份工作程序。

1）标准与要求

①配份用料品种、数量符合规格要求，主、配料分别放置。

②接受零点订单后5分钟内配出菜肴，宴会订单提前20分钟配齐。

2）步骤

①根据加工原料申领单领取加工原料，备齐主料和配料，并准备配菜用具。

②对菜肴配料进行切割，部分主料根据需要加工。

③对水养原料进行换水处理。

④对当日用已涨发好的干货原料进行洗涤改刀，交炉灶岗位焯水后备用。

⑤备齐开餐用各类配菜筐、盘，清理配菜台和用具，准备配菜。

⑥接受订单，按配份规格配制各类菜肴主料、配料及料头，置于配菜台出菜处。

⑦开餐结束，交代值班人员做好收尾工作，将剩余原料分类保存，整理冰箱、冷库。

⑧清点下一餐、次日预订客情通知单，结合零点客情分析，计划并向加工厨房预订下一餐或次日需补充的已加工原料。

⑨清洁工作区域，用具放于固定位置。

（3）配菜、出菜制度。

1）切配人员随时负责接受和核对各类出菜订单。

2）配菜岗位凭订单按规格及时配制，并按先接单先配、紧急情况先配、特殊菜肴先配的原则处理，保证及时烹制，快速上菜。

3）排菜必须准确及时、前后有序，菜肴与餐具相符，成菜及时送至备餐间，并提醒传菜员取走。

4）上菜从接受订单到第一道热菜出品不得超过 10 分钟，冷菜不得超过 5 分钟；因配菜误时耽误出菜引起顾客投诉的，由相关岗位人员负责。

5）所有出品订单必须妥善保存，餐毕及时交厨师长备查。

6）炉灶岗位对打荷岗位所递菜肴要及时烹调；对所配菜肴规格、质量有疑问者，要及时向切配岗位提出，并妥善处理。烹制菜肴先后秩序及速度服从打荷岗位安排。

7）厨师长有权对出菜的流程、菜肴质量进行检查，如有质量不符或流程不全的出菜，有权退回并追究责任。

四、厨房烹调阶段的管理细则

厨房烹调阶段的管理主要应从烹调师的操作规范，烹制数量，出菜速度，成菜口味、质地、温度，以及对失手菜肴的处理等几个方面加以督导、控制。在烹调过程中，首先要求厨师服从打荷岗位派菜安排，按正常出菜秩序和顾客要求的出菜速度烹制。要督导厨师按规定操作程序进行烹制，并按规定比例投放调料，不可随心所欲。

另外，控制炉灶岗位一次菜肴的烹制量也是保证出品质量的重要措施。坚持菜肴少炒勤煮，这样既能做到每席菜肴出品及时，又可减少因分配不均而产生的误会和麻烦。因此，开餐期间尤其要加强对炉灶岗位的现场督导管理，既要控制出菜秩序和节奏，又要保证成菜及时销售，以合适的温度、应有的香气、适宜的口味服务顾客。

1. 烹调工作程序

烹调岗位及相关工作程序主要包括打荷、盘饰用品制作、大型餐饮活动厨房餐具准备、炉灶烹调和口味失当菜肴按程序退回厨房的处理等。

（1）打荷工作程序

1）标准与要求

①台面清洁，调味品品种齐全，存放有序。

②吊汤原料洗净，吊汤用火恰当。

③餐具种类齐全，盘饰数量适当。

④分派菜肴恰当，符合炉灶岗位技术特长或工作分工。

⑤符合出菜顺序，出菜速度适当。

⑥餐具与菜肴相配，盘饰菜肴美观大方。

⑦盘饰制作快捷，形象美观。

⑧打荷台面干净，剩余用品收纳及时。

2）步骤

①清理工作台，取出、备齐调味汁及糊浆。

②领取吊汤用料，吊汤。

③根据营业情况，备齐餐具，领取盘饰用原料。

④传送、分派各类菜肴给炉灶岗位烹调。

⑤为烹调好的菜肴提供餐具，整理菜肴，进行盘饰。

⑥将已装饰好的菜肴传递至出菜位置。

⑦清洁工作台，将用剩的盘饰和调味汁冷藏，餐具放归原位。

⑧清洗、消毒、晾挂抹布，关、锁工作柜门。

（2）盘饰用品制作程序

1）标准与要求

①盘饰至少有 8 个品种，且数量足够。

②每餐开餐前 30 分钟备齐。

2）步骤

①领取备齐食品雕刻用原料及番茄、香菜等盘饰用蔬菜。

②清理工作台，准备各类刀具及盛放盘饰的盛器。

③根据点缀菜肴需要，运用各种刀法雕刻一定数量、不同品种的盘饰。

④整理、择取一定数量的叶用蔬菜的头、心、叶等，置于盛器中，留待盘饰使用。

⑤将雕刻、整理好的盘饰用品及蔬菜用保鲜膜封盖，集中置于低温处，供开餐使用。

⑥清理、保管雕刻刀具、用具，用剩原料放归原位，清洁、整理工作区域。

（3）大型餐饮活动厨房餐具准备程序

1）标准与要求

①餐具规格、数量符合盛菜要求。

②摆放位置合适，取用方便。

2）步骤

①根据大型餐饮活动菜单，分别列出各类餐具名称、规格、数量。

②向餐务部门提出所需餐具的数量及提供时间。

③分别领取各类餐具，区别用途，集中分类放于冷菜间、热菜出菜台及其他合适位置。

④与菜单核对，检查所有菜肴是否都有相应餐具。

⑤取保鲜膜或洁净台布将餐具遮盖，防止灰尘污染或被随意取用。

⑥大型餐饮活动开始时，揭去遮盖，根据菜单分别取用餐具。

⑦大型餐饮活动结束后，洗碗间负责及时清洗餐具并归位。

（4）炉灶烹调工作程序

1）标准与要求

①调料罐放置位置正确，固体调料颗粒分明、不受潮，液体调料清洁无油污，添加数量适当。

②烹调用汤：清汤要清澈见底，白汤要浓稠乳白。

③焯水蔬菜色泽鲜艳，质地脆嫩，无苦涩味；焯水荤料去尽腥味和血污。

④制糊投料比例准确，稀稠适当，糊中无颗粒及异物。

⑤调味用料准确，口味、色泽符合要求。

⑥菜肴烹调及时迅速，装盘美观。

2）步骤

①准备用具，开启抽油烟机，点燃炉火使之处于工作状态。

②根据烹调要求，对不同性质的原料分别进行焯水、过油等初步熟处理。

③吊制清汤、高汤或浓汤，为烹制高档菜肴及宴会菜肴做好准备。

④熬制各种调味品汁，制备必要的用糊，做好开餐的各项准备工作。

⑤开餐期间，接受打荷岗位安排，根据菜肴的规格标准及时进行烹调。

⑥开餐结束，妥善保管剩余原料及调料，清洗、整理工作区域及用具。

（5）口味失当菜肴按程序退回厨房的处理

1）标准与要求

①处理迅速，出菜快捷。

②菜肴口味符合要求，质量可靠，出品形象美观。

2）步骤

①对餐厅退回厨房的口味失当菜肴，及时向厨师长汇报，交厨师长复查鉴定；厨师长不在时，交现场最高技术岗位人员鉴定，尽快安排处理。

②确认是烹调失当的口味欠佳菜肴，交打荷岗位即刻安排炉灶岗位调整口味，重新烹制。

③无法重新烹制、无法重新调整口味或出品形象破坏太大的菜肴，由厨师长交切配岗位重新安排原料切配，并交给打荷岗位。

④打荷岗位接到已配好或已安排重新烹制的菜肴，及时分派炉灶岗位烹制，并交代清楚。

⑤烹制成熟后，按规格装饰点缀，经厨师长检查认可，迅速让出菜人员上菜，并交代清楚。

⑥餐后分析原因，采取相应措施，避免类似情况再次发生，处理情况及结果记入厨房菜肴处理记录表。

2. 厨房开餐管理

厨房开餐管理主要是指烹调、出品厨房在开餐期间（即有客人在餐厅消费期间），围绕、配合餐厅经营，针对开餐的不同进程开展的各项控制管理工作，主要包括开餐前准备、开餐期间生产出品、开餐后清理收档等，这既是厨房配份的工作重点，也是整个餐饮企业日常生产管理的控制要点。

（1）开餐前的准备工作。厨房进行有效、充分的开餐前准备，是餐厅准时开餐、厨房及时提供优质出品的前提。

1）菜单供应品种原料准备齐全。

2）当餐时蔬供应品种确定。

3）当餐售缺、促销品种通报。

4）提供齐全、足量的备餐物品。

5）调料、汤料添足、备齐。

6）菜肴装饰、点缀品到位。

7）开餐餐具准备归位。

8）检查炉火、照明、排烟状况，确保运行良好。

9）清洁到位。

10）员工衣帽穿戴整齐。

（2）开餐期间的生产管理。加强厨房开餐期间的现场督导，不仅可以有效防止次品流出厨房，而且可以提高工作效率，保证工作秩序。

1）检查、控制出品速度与秩序。开餐期间，一定要防止忙中出乱、出错现象的发生，通过现场督导，力求保证出品速度和秩序。既要防止上菜速度太慢、客人等菜的现象，又要杜绝无序出菜、厨房自作主张、急于烹调、倒催服务员上菜的现象发生。

2）检查关照重点客情。餐前可能已经做好了重点客情接待的预案，但开餐期间应按照计划，关注、督导重点客情的菜肴制作、出品情况，防止出现疏漏。万一出现差错，应力求在第一时间加以补救。

3）督导配份。督导配份可以从根本上保证出品质量和有效控制成本。配份要按要求将主料、配料、料头分别摆放，便于烹调操作，即使在开餐高峰期，也不能贪图方便而乱了规范。否则将给烹调增添诸多麻烦，影响出品速度和质量。

4）检查、关注菜肴质量。时刻关注菜肴质量，如菜肴的色泽、芡汁、规格、温度等直观、外在的质量指标。如果发现质量可疑产品，应及时返工，修正完善。这对产品销售来说，仍不失为主动的质量控制。

5）检查、协调冷菜、热菜、点心的出品衔接。开餐期间，热菜的出品次序由打荷岗位控制，而冷菜与热菜、菜肴与点心的出品衔接容易出现断档。这就需要管理人员在不同岗位的衔接环节上加强检查，一旦出现违反出品秩序、抢先出品或出品脱节的现象，要及时加以协调，确保客人用餐循序渐进、有条不紊。尤其是在大型宴会等规模较大的餐饮活动开餐期间，岗位间的协调、衔接工作就更为重要，要做到耐心、细心、周到。

6）督查出品手续与订单的妥善收管。健全的出品手续是保证厨房正常工作秩序的前提，也是餐饮产生应有收益的保证。尽管开餐期间工作节奏快、人员流动大，应有的手续、流动的表单、传递的木夹仍应该明确人员、固定地点，并加以妥善督查、收管，确保无一遗漏。管理人员随时可以抽查，或对有疑问的出品及时进行跟踪查处。

7）强化餐中炉灶、工作台整洁与操作卫生管理。创造必备条件，明确卫生分工，强化开餐期间炉灶、切配和打荷工作台以及员工的操作卫生管理，这样既保证了厨师良好的工作环境，又可以有效防止卫生方面的投诉发生。

8）督导厨房出品与传菜部的配合。厨房烹调自然应听从传菜员的通报，但若菜肴烹制完成而没能及时上桌，菜肴质量就会急剧下降，因此，开餐期间管理人员要主动加强厨房与传菜部的协调，切实做到餐厅、厨房联系顺畅。

9）及时进行退换菜点处理。繁忙的开餐过程中，偶然出现一两例菜点退换也是正常的，未必都是工作失误。但对退换菜点必须在第一时间内予以有序、规范的处理。

10）及时解决可能出现的推销和售缺问题。随着开餐进程的推进，销售预测可能会出现偏差，原料及菜肴有可能出现较大剩余或即将售完的情况，此时，厨房应及时与餐厅取得联系，采取灵活手段调整销售现状。

（3）开餐后管理。加强厨房开餐后管理，是厨房环境安全整洁、工作秩序良好的保证。开餐后管理包括收齐并上交所有出品订单，检查、落实下一餐的准备工作，调料、汤料及时妥善收藏，对配菜所用的水养原料进行换水处理，检查水产品活养状况，防止原料变质，检查、确保冰箱正常运行，督查炉灶、餐具的处理，妥善完成刀、砧、布的处理，及时进行彻底的垃圾及地沟等的卫生处理，关闭水、电、气、门、窗等。

学习单元 2　制定标准食谱

一、标准食谱概述

1. 标准食谱的定义

标准食谱以菜谱的形式标明菜肴（包括点心）的标准化配方，规定制作程序，明确装盘规格、成品特点及质量标准。这是厨房每道菜点生产的全面技术规定，也是核算菜点成本的可靠依据。

2. 标准食谱的内容

标准食谱的内容是厨房生产菜点的统一、规范和明确的具体要求。标准食谱的内容主要包括以下几方面。

（1）菜点名称。在餐厅里，每一道菜点都应有一个规范的名称，否则不仅员工、顾客感觉混乱，也很难形成品牌。比如同一个餐厅、同一盘炒饭，有的叫扬州炒饭，有的叫什锦炒饭，有的叫虾仁炒饭，这就很不规范。

（2）投料名称。投料名称即菜肴的标准用料，包括菜肴的主料、配料和调料。例如，银杏炒虾仁的原料包括银杏、河（或海）虾仁、葱段、精盐、味精等。投料名称应以规范名称为准，如规定用淀粉，就不可再出现生粉、芡粉、菱粉、小粉等名称。

（3）投料数量。投料数量包括主料、配料及调料的数量，以及与之相配的单位。数量应以法定单位标注，清楚、明确，易于计数。例如，榨菜炒肉丝的投料数量为：榨菜丝 50 g、肉丝 250 g、笋丝 50 g、葱段 20 g 等。

（4）制作程序。一道菜肴、一款点心，可以有多种烹饪程序，但在同一家餐厅只能规定一种程序，这才能保证形象和标准统一。制作程序就是将该菜的制作步骤加以规范和统一，以保证成品质量一致。比如清汤鱼圆的制作程序是，鱼肉制成茸后在水锅里烫熟，成品洁白光滑，入口清爽；若在油锅中汆熟，则易干瘪，入口肥腻。

（5）成品质量要求。成品质量要求也是成品质量标准，是菜点应该达到的质量目标。原则上讲，只要严格按照标准投料并按标准程序进行生产操作，成品的质量应该是理想且一致的。为了方便厨师对照、检验等，明确成品质量是非常有必要的。成品质量通常包括成品的色、香、味、形、质地、温度等。比如碧绿生鱼球，成品应达到白绿分明、咸鲜清淡、鱼球滑嫩、西蓝花脆嫩等质量要求。

（6）盛器。盛器即菜点销售盛装的器皿。一道菜点，选择与之相配的盛器，可以保持甚至提高菜品的形象及质量。盛器不统一，同样会给顾客出品不规范的印象。比如铁板鲈鱼要求必须用铁板盘盛装鲈鱼，而不能用其他材质的盛器。

（7）装饰。装饰即菜点的盘饰、美化，包括装饰用料、点缀方式等。

（8）单价、金额、成本。单价是指标准食谱应说明每种用料的单位价格；在此基础上，计算出每种原料的金额；汇总之后即可得出该道菜点的成本。

（9）使用设备、烹饪方法。不同设备、不同烹饪方法，也会导致菜点的不同风味和不同风格特征。以烤制菜点为例，面火烤、底火烤、喷雾湿烤、干烤等，其成品质感是有明显差异的，且这些差异与烤炉的性能也有直接关系。

（10）制作批量和份数。有些菜点规格较大，比如烤鸭、扒蹄、寿桃，而有些则相当碎小，如水饺、汤圆等。前者可以每一道菜点单独制定一份标准食谱；后者则适宜批量制作，集中测定用料、用量，分客销售，分摊成本，否则难以量化。

（11）类别和序号。类别是该菜点的种属划分。各餐饮企业对菜点类别的归属不一，有的按原料性质划分，有的按烹饪方法划分，有的按成菜风味划分，有的按成品风格特征（如冷菜、热菜、羹汤等）划分，等等。使用序号将标准食谱有序排列，主要是为了方便统计、分类管理和使用。

3. 标准食谱的作用

标准食谱将原料的选择、加工、配份、烹调方法及其成品特点有机地集中在一起，并按照餐厅设定的格式统一制作、管理，对厨房生产质量管理、原料成本核算、制订生产计划有多方面积极作用。具体地讲，标准食谱有以下作用。

（1）预测产量。可以根据原料数量，测算生产菜肴的份数，方便成本控制。

（2）减少督导。让厨师知晓每个菜点所需原料及制作方法，只需遵照执行即可。

（3）高效率安排生产。菜点的具体制作步骤和质量要求明确以后，工作安排会更加快速、高效。

（4）降低劳动成本。使用标准食谱，可以降低制作难度和对厨师个人操作技巧的要求，厨房可以减少雇用高等级厨师的数量，劳动成本因此降低。

（5）可以随时测算每道菜点的成本。标准食谱确定以后，无论原料市场行情如何变化，均可随时根据配份核算每道菜点的成本。

（6）程序书面化。"食谱在头脑中"的厨师，若不来工作或突然辞职，该菜点的生产无疑会受到限制。食谱程序书面化，则可避免对厨师个人的过度依赖。

（7）分量标准。按照标准食谱规定的用料份额进行生产制作，可以保证成品分量的标准化。

（8）更好地掌握存货数量。通过售出菜品份数与标准用料计算已用料情况，再扣除部分损耗，便可测知库存原料情况，这更有利于安排生产和进行成本控制。

标准食谱的制定和使用以及使用前的培训，需要占用一定的时间，增加部分工作量。同时，由于标准食谱强调规范和统一，会使部分员工感到工作上没有创造性和独立性，因而可能产生消极情绪。这就需要正面引导和正确督导，使员工正确认识标准食谱的意义。

二、制定标准食谱

制定标准食谱要考虑两种不同的情况。一是即将开业的餐饮企业，科学地计划菜点品种，制定适合自己经营要求的菜点生产制作规范。这一点对正在经营中的餐饮企业增添、创新菜点时同样适用。二是已经在生产经营的餐饮企业对现行标准食谱进行修正和完善，以适应新的消费需求。

制定标准食谱要选择合适的时间，如分期组织餐饮管理人员、厨师和服务员进行专门研究，哪些内容需要补充，哪些需要进一步规范，等等。管理人员要对菜点销售情况进行分析、提供参考意见，服务员要及时反馈顾客在消费过程中提出的意见和建议，厨师要对菜点配置、烹调方法、盛器选择等进行修正和完善。由此可见，制定标准食谱同时也是餐饮管理不断完善的过程。

在管理上，标准食谱一经制定，必须严格执行。在使用过程中，要维持其严肃性和权威性，减少随意投料、随意烹饪而导致厨房出品质量不一致、不稳定的现象，确保标准食谱在规范厨房出品质量方面发挥应有的作用。

三、标准食谱的管理

1. 标准食谱的式样

餐厅管理风格不一，标准食谱的式样也多种多样，有的标准食谱直接以管理软件的形式出现和使用。具体来说，有以方便随时核计成本为特点的标准食谱，有以形象直观、方便对照执行见长的标准食谱，有以批量制作、总体核计方式形成的标准食谱，等等。标准食谱的制作材料也不尽相同，有普通纸张、硬纸卡片、镜框陈列等。宾馆、酒店的客房用餐多将标准食谱连同彩照用镜框加以陈列，方便值班人员提供客房用餐时对照制作、规范出品。

2. 标准食谱制定程序与要求

（1）确定主、配料原料及数量。这是很关键的一步，它确定了菜点的基调，决定了菜点的主要成本。有的菜点只能批量制作，平均分摊测算，如点心、单位较小的品种等。不论菜点规格大小，都应力求精确。

（2）规定调味料品种，试验确定每份用量。国内外管理精良的酒店、餐厅在制定标准食谱时，在调味料的使用上多采用集中制作，按菜（根据一定数量，用一定量器）取用、投放的方式。调味料品种、品牌要明确，因为不同厂家、不同品牌的调味料质量差别较大，价格差距也较大。调味料只能根据批量分摊的方式测算。

（3）根据主料、配料、调味料用量，计算成本、毛利及售价。随着市场行情的变化，单价、总成本会不断变化，因此第一次制定菜点的标准食谱时必须细致准确，为今后测算打下良好的基础。

（4）规定加工制作步骤。将必需的、主要的、易做错或忽略的步骤加以统一规定，并用术语简练表述。

（5）选定盛器，落实盘饰用料及式样。

（6）明确产品特点及质量标准。标准食谱既是培训、生产制作的依据，又是检查、考核的标准，其质量要求应明确、具体才切实可行。

（7）填写标准食谱。字迹要端正，要使员工都能看懂。

（8）按标准食谱培训员工，统一生产出品标准。

■ 学习单元 3　控制厨房出品秩序

厨房工作的核心任务是确保厨房出品（菜点）的质量，为顾客提供快捷、安全、卫生、可口的菜点是厨房每个员工的职责。只有认真做好出品工作，通过合理调配厨房内部的各种资源，处理好原料加工、配份、烹调、备餐、传菜等各个阶段的衔接，才能保证厨房出品流程高效顺畅。

控制好厨房出品的秩序，就是要结合厨房生产各阶段的技术特点和要求，做好充分的准备，避免出现令人无法应付的混乱局面。特别是在黄金出品时间来临的用餐高峰时段，在点菜单像雪片一样飞来的时候，顾客都希望能够快速上菜。如果厨房工作慌乱无序，就会出现上菜滞缓、顾客催单、厨房人员不知所措的混乱局面，这样无疑会令本来就很繁忙的工作变得更加充满压力。这样不仅会直接影响餐厅的服务工作，同时还会让顾客产生极度反感的情绪，从而影响顾客整体消费的感受以及餐厅的声誉与口碑。

为确保厨房出品流程有序、平稳、顺利地开展，应遵循以下几点原则。

第一，餐饮各部门之间分工明确，各尽其职。各部门应高度重视自身工作对整个餐厅工作流程的影响和作用，要严格按照部门的工作要求和工作标准，完成相关的工作内容，确保出品工作的正常运转。

第二，厨房的设施设备、工具用具要准备到位。机电、炉灶等设备要定期检查维护，确保正常使用；工具、用具、餐具等要样样齐全并保持清洁卫生，要在开餐前准备就绪。此外，应确保厨房水、电、气等的正常供给。

第三，厨房各岗位应分工协作，各工序相互配合。在做好本职工作的提前下，要与其他部门紧密衔接、及时沟通，协调其他岗位配合自己的工作，以保证出品的质量。

一、厨房加工过程的出品秩序

1. 要重视宴会菜单的拟订

厨房应提示酒店预定部在接受宴会预定时，在同日或同市的多单宴会中，要特别注意尽量不要将宴会菜单的范围扩大，尽量说服顾客在不影响宴会质量的情况下，选择推荐的便于厨房出品的菜点品种，最大限度地使菜式能够在多单宴会菜单中通用，以免因厨房不便备料而埋下出品隐患。切忌一味追求宴会订单而忽视出品隐患。

2. 餐前估清单

任何一家餐饮企业都会因为原料短缺或供应不足等原因，无法在正常营业时段备齐菜单上的所有菜品。为正确引导顾客消费，同时也为便于顺利出品，采用每日估清单来记录当日可以供应的菜式非常有必要。一般而言，估清单必须要在正式营业开始前由厨房列出，大体可以分为：常备菜式、急推菜式、特别推荐、估清菜式等。每日估清单都需要在厨房的班前例会与餐厅的班前例会中，由管理人员对当班员工进行讲解，目的是让所有当班人员都能够熟悉当市出品菜式细节，做到产销结合与前后贯通，为顺利出品打好基础。

二、厨房配制过程的出品秩序

1. 多单宴会要巧妙安排好出品顺序

首先，与宴会主办方进行沟通，掌握每单宴会的到客情况，然后确定宴会出品顺序。其次，切忌让多单宴会的司仪同时开始宴会主持，避免几单宴会同时要求出品，增加厨房生产压力，埋下出品的质量隐患。

2. 下单后迅速分配到各档口

一般情况下，点菜员在点完菜后几分钟内必须将菜单送到厨房各档口，然后厨房按规定在几分钟内完成该单的出品，所有操作均应有时间记录。要重视对时间的有效利用，提升员工的工作紧迫感及熟练程度。

3. 做好餐前准备工作

厨房要想实现较快的出品速度必须满足两点要求：首先是大量细致而全面的餐前准备工作，其次是对各岗位、各档口进行细致的分工。但由于目前大多数档口只能够进行粗略的分工，更多的要依靠员工间的通力合作，这样才能承受住出品方面的压力。因此厨房要根据营业经验做出预测，针对菜单进行充分的餐前准备工作，提高服务员引导顾客点菜的能力，这样才能从容克服就餐高峰期的工作压力。

三、厨房烹调过程的出品秩序

1. 对各单宴会菜点进行明确的分档备用

厨房应与餐厅保持紧密配合，根据宴会到客情况及时通知各岗位开始宴会的准备工作。提前准备对色泽、造型与味道影响不大的菜点，或制作方法较烦琐的菜点，可适度提前准备。同时切忌对多单宴会菜点混合备用，以免引起混淆和错漏。

2. 把握菜点出品的时间和数量

在宴会司仪开始主持时，厨房负责人应与餐厅负责人及时联系，在确切掌握宴会桌数和人数的同时，通知厨房各岗位人员按宴会菜单的出品要求开展工作，制作时间稍长的菜点先开始烹制，操作简单的菜点应放在后面。

3. 厨房各岗位的分工与紧密配合

餐饮企业要实现紧张、有序、顺畅的工作状态，除了需要各部门的通力合作，还需要各岗位、各档口员工的团结和合作。这就要求管理人员在平时的管理中重视并且正确引导员工培养和发掘团队精神，为厨房出品秩序提供有效的保障。当餐厅遇到多单宴会和零点餐聚集时，厨房负责人应对各岗位的员工进行合理分工，将宴会出品档口与零点餐出品档口暂时有效分离，要让每个员工都明白自己所在的位置、负责工作的细节以及应该和谁衔接，同时要让每个员工尽可能轻松地做好手上的工作。在工作气氛紧张、工作繁忙的环境下，管理者应认真梳理所有的工作线，发现不利于顺畅出品的问题应及时解决，进行走动式督导，以确保当市出品工作的顺利完成。

4. 黄金出品时间的出品质量把握

　　当餐厅进入用餐高峰期时，切忌因为生意好而忽视了对出品质量的严格把关。严格地讲，越是在用餐高峰期，越是要确保优质出品，这样既能减少节外生枝，又能为餐饮企业做最好的现场宣传。

5. 同菜异单的合并出品

　　在厨房订单增多的情况下，需要有灵活并合理的处理方式，方能忙而不乱。如时间相隔不长就出现了同菜异单的现象，应该提醒员工注意合并出品，这样做可能需要花费 1 分钟的时间来等待，但可以赢得 10 分钟甚至更多的出品时间。因为同时烹制 3 份红烧鱼比分 3 次烹制所需要的时间短得多。

6. 冷静处理"叫起"和"即起"的来单

　　如顾客已经点菜，但由于某种原因暂时不需要马上起菜，餐厅会将该单先下到厨房以便配菜，但会在菜单的明显位置标明"叫起"二字，以表明该单的出品状况。如遇到顾客需要立即上菜，菜单会写上"即起"二字。又如，需要加快的菜单也会标明"急起"二字。负责接单分夹的员工应该具备冷静和熟练处理各类来单的能力，做到有条理地分配各种状况的菜单，协调出品，切忌混淆不清或先后不分。

培训指导

课程 5-1　专业培训

■ 学习单元 1　编写培训计划

随着社会的发展，企业面临的商业竞争变得日益激烈，提高企业的经营管理水平以及员工素质，从而提高企业的竞争力显得尤为重要。对于企业来讲，培训是创新发展的必由之路。对于员工来说，在激烈的市场竞争中，不进步就意味着退步，通过培训能不断提高自己的应变能力和创新能力，为企业创造出更辉煌的业绩。

一、培训计划的内容

培训计划是企业组织员工培训的实施纲领。培训的基本内容包括培训目标、培训原则、培训需求、培训时间、培训方式、培训组织人、考评方式、培训预算等内容。针对企业不同层次的需求，可以制订相应的培训计划，如有根据本企业战略目标设计的长期培训计划，有每年制订的年度培训计划以及具体到每一培训课程的课程培训计划。

长期培训计划是从企业战略发展目标出发制订的长远培训计划。长期培训计划的制订要求掌握企业组织架构、功能与人员状况，了解企业未来几年的发展方向与趋势，了解企业发展过程中员工的内在需求，等等。

年度培训计划是以企业本年度的工作内容为主题制订的培训计划，包括培训对象、培训内容、培训方法和方式以及培训费用预算。年度培训计划与企业长期培训计划总体目标要保持一致，服务于企业的经营目标。

课程培训计划是在年度培训计划的基础上，针对某一培训课程制订的，包括培训目标、培训内容、培训形式、考核方式、培训时限、培训对象、培训指导者等。培训目标应明确完成培训后培训对象要达到的知识、技能水平。

二、培训计划的编写程序

制订培训计划是培训组织管理中极其重要的环节，一般包括确定培训需求、设置培训目标、拟定培训计划等。

1. 确定培训需求

在企业员工培训过程中，确定培训需求是设计培训项目、建立评估模型的基础。确定培训需求主要是要找到培训活动的聚焦点，选择适合的培训方法，通过培训使员工具备适应企业发展所需要的知识、技能以及综合素养。发掘符合企业实际的培训需求是增强培训效果的关键，应通过需求分析明确员工的现状，分析员工知识和技能的薄弱点，以找准培训的强化点和突破点。确定培训需求一定要遵循全面发展和因材施教的基本原则，将理论与实践相结合、培训与提高相结合、综合素质培训与专业素质培训相结合，促进员工整体素质和工作能力的提升。为确定培训需求，一般从三个方面进行需求分析。

（1）组织分析。组织分析的目的是确定员工培训在整个组织范围内的需求。首先应从组织目标和组织战略出发，分析人力资源开发的需求，如经营目标的需求、管理目标的需求、经办人员的需求等。企业的发展是通过人来实现的，员工应该了解企业的发展目标以及这一发展目标对员工的要求。培训要使员工个人的能力提升符合企业发展的要求。如果企业是以开拓国际市场为目标，那么其销售人员则需要了解国际市场的运作规则、相关法律等，并具备一定的外语水平。随着社会、经济、市场的不断发展变化，企业也在不断调整自己的结构、产品和生产流程，因此，员工应通过不断地接受培训来适应企业的发展。

（2）工作分析。工作分析的目的是确定培训与开发的内容，即确定员工达成令人满意的工作绩效所必须掌握的知识、技能、素养等。如果员工在这三个方面得到了提高，就会大大提高工作绩效，这也正是许多企业培训员工的目的所在。但知识、技能与素养是三个不同的内容，须采用不同的培训方法，开展有针对性的培训。

（3）人员分析。人员分析的目的是确定每一名员工完成所承担工作任务过程中的优势和不足。这一层次的需求分析可以由以下公式确定。

理想工作绩效 – 实际工作绩效 = 培训开发需求

实际工作绩效与理想工作绩效之间的差距可以由培训来缩小和弥补。确定培训需求可以采用观察法、调查问卷法、面谈法、阅读技术手册等方法。

2. 设置培训目标

培训总目标是宏观的、抽象的，它需要不断地分层次细化、具体化，以使其具有可操作性。要实现员工通过培训掌握一些知识、技能，提升专业素养的培训目标，首先要在分析、了解员工现有知识技能与预期工作目标存在的差距后确定培训目标，再将培训目标进一步细化，之后再转化为各层次的具体目标。目标越具体越具有可操作性，越有利于总体目标的实现。

培训目标的设置有赖于培训需求分析，通过需求分析，找出员工的实际工作表现、业绩和预期表现、业绩间的差距，这个差距就是培训的目标。培训目标设置得当，会使培训计划有章可循、方向明确。有了目标，才能确定培训对象、培训内容、培训时间、培训方法等具体内容。

培训目标是培训方案实施的指南。有了明确的培训总体目标和各层次的具体目标，对于培训指导者来说，就确定了教学计划，可以积极为实现目的而组织教学；对于受训者来说，明确了学习目标，才能朝着既定的目标不懈努力，最终达到参加培训的目的。

培训目标一般包括三方面内容，即知识目标、技能目标和素养目标，三个目标相互依存，不可偏颇。知识目标有利于理解概念，增强对新环境的适应能力，减少企业引进新技术、新设备、新工艺的障碍。技能目标是指操作能力方面的要求，是知识目标的实际应用。素养目标一般包括正确的价值观、积极的态度、良好的习惯等。

3. 拟订培训计划

培训计划的各个要素，如培训目标、培训内容、培训指导者、培训对象、培训日期、培训期限、培训场所、培训方法等是有机结合在一起的。只有先明确了培训目标，才有可能科学地设计培训计划的其他部分，从而使培训计划更具有科学性，同时只有设计科学的培训内容和安排合适的培训指导者才能促进培训目标的实现。

培训指导者既可以来自企业内部，也可以来自企业外部。学有专长、具备特殊知识和技能的人员是培训指导者的重要来源。企业内的领导也是比较合适的培训指导者人选，如厨师长，他们既具有专业知识又拥有宝贵的工作经验，他们希望员工获得成功，以展现他们的领导才能，同时由于是在培训自己的员工，所以基本能保证培训内容与工作有关。此外，根据需要有时企业也需要从外部聘请培训指导者。只有将企业的外部资源和内部资源进行有机结合，才能达到事半功倍的效果。

培训对象应根据企业的培训需求来确定。新员工，即将晋升、轮换岗位的员工和知识技能需要更新的老员工等，都可以是培训对象。

　　培训方法是实现培训目标的重要手段，常见的组织员工培训的方法有讲授法、演示法、讨论法、案例教学法、角色扮演法等。各种培训方法都有其优缺点，为了提高培训质量，达到培训目的，往往需要各种方法结合起来，灵活使用。

三、培训计划的编写

　　任何计划的制订都要遵循一定的程序，这与开发一种新产品一样。企业培训不能盲目进行，否则会给企业带来不必要的损失。在制订培训计划时，需要依次做好以下工作。

1. 指定编写员工培训计划的人员

　　员工培训计划的编写是一个系统工程，应该由固定人员来协调各部门的工作。

2. 切实了解情况

　　进行深入调查研究，切实了解和掌握企业的情况。通过员工培训需求调查，选择培训项目。

3. 制定培训总体目标

　　总体目标制定的主要依据是企业的总体战略目标、企业人力资源的总体计划和企业培训需求分析。

4. 确定目标项目的子项目

　　这些子项目包括实施过程、时间跨度、阶段、步骤、方法、措施要求、评估方法等。

5. 分析培训资源

　　按轻重缓急，对培训的各子项目或阶段性目标分配培训资源，以确保各子项目或阶段性目标都有相应的人力、物力和财力支持。

6. 优化平衡各指标

　　对培训的目标和师资来源进行平衡，对企业正常生产与培训需求进行平衡，对培训对象职业生涯与企业的发展方向进行平衡。

7. 培训计划的沟通与确认

培训计划既涉及企业的未来收益，也涉及员工的切身发展，所以培训计划沟通的主体包括两个方面的人员。首先是与企业管理者沟通。培训计划要与企业的管理者进行沟通，这样才能制订出符合企业实际情况的、可操作的、科学的计划，帮助企业实现既定目标。其次是与参加培训的人员沟通。

■ 学习单元 2　编写培训教案

培训教案是以课时或课题为单位，对教学内容、教学步骤、教学方法等进行具体设计和安排的一种实用性教学文书，是根据培训大纲和教材的要求，对培训课堂教学过程中所涉及的各个知识点的教学安排，是实施教学过程的周密设计和具体方案。教案包括教材分析、学情分析、教学目标、重点难点、教学准备、教学过程、课后作业等。

一、培训教案的编写程序

教案对每个课题或每个课时的教学目标、教学内容、教学活动等，都应周密考虑、精心设计，应具有很强的计划性。

1. 梳理教学内容

梳理教学内容就是要掌握培训教材的全部知识点，要认真分析教材的内容，明确教学重点和难点。根据培训指导者对教材的熟悉程度和实际经验的不同，教案可以各有侧重，不必强求一种格式。

2. 分析培训对象

要了解培训对象的年龄、文化层次、专业技术基础及已有的专业知识的来源等，以此确定教学内容、教学重点、教学难点和教学方法。

3. 确定呈现形式

教案形式多种多样，根据培训指导者的特点和教学内容的需要，教案一般有讲稿式教案、多媒体教案、方法说明性教案、流程式教案、过程设计式教案等。

4. 设计教学过程

教学过程一般由组织教学、复习旧课、导入新课、讲授新知识、巩固新知识、布置作业等环节组成。要选择合理的教学方法，例如讲授法、讨论法、实训（练习）法、等，同时还要合理运用实施教学方法的手段，包括教具、课件、板书等。

二、培训教案的编写要求

1. 要尊重成人教育的规律

企业培训均针对成人，而且具有职业性的特点。教学活动切勿违背成人教育的规律，否则达不到理想的教学效果。

2. 要理论联系实际

培训教案要根据培训对象的认知规律安排教学内容，使培训对象在理论与实际的联系中理解和掌握理论，要能通过教学引导培训对象运用理论来分析、解决问题。

3. 要强调知识结构与培训对象的认知结构相结合

在教案编写过程中，培训指导者要按照知识结构的特点和培训对象的认知特点，按一定顺序安排教学内容。

4. 要因材施教

要针对培训对象特点编写培训教案，要采用多种措施，使每位培训对象的能力得到提高。

【案例1】

某企业中式烹调员工培训计划

本培训计划是根据企业员工培训与开发的工作目标，组织有关专家开展调查研究，依托本企业收集资料，在综合分析、反复论证的基础上编写的。

1.培训目的

通过培训，使员工具备先进的、科学的、现代的观念、知识和技术，提高员工的专业理论水平、技能水平、管理能力和综合应用能力，使企业能够不断推出创新产品，参与市场竞争。

2.培训对象

在本企业工作5年以上的从事中式烹调的全体员工。

3.培训时间

3月至9月，每周二下午。

4.培训场地

多媒体教室。

5.培训方法

外聘专家和企业内部讲师授课相结合，集中培训和员工自学相结合，理论教学和实际应用相结合，培训指导者示范和员工实际操作相结合。

6.培训责任人

人力资源部经理、餐饮部经理和厨师长。

7.培训内容与要求

根据培训目标，培训重点是菜点创新与发展、原料加工与运用、产品设计、产品成本核算、食品营养与卫生、现代厨房管理、专业英语等内容。

（1）菜点创新与发展。通过培训，使员工了解中国烹饪发展的主要阶段及主要成就，能对中西烹饪方法进行比较，掌握菜点创新的内涵、原则和方法。通过培训，使员工了解科技进步的现状和发展趋势，掌握创新技法，了解和掌握菜点的发展趋势，了解烹饪制作的新材料、新方法、新工艺和新设备信息。

（2）原料加工与运用。通过培训，使员工掌握烹饪原料的分类方法，熟悉高档烹饪原料的主要产地和鉴别方法；培养员工能用科学的方法对原料进行保管，能对高档鲜活原料和干货原料进行加工。

（3）产品设计。通过培训，使员工掌握产品设计的基本内涵，了解烹饪美学的基本内涵，能够设计一般产品、宴会产品及组合产品，能够结合市场需求设计顾客欢迎的产品。

（4）产品成本核算。通过培训，使员工掌握餐饮产品成本核算的要素和方法，能对相关餐饮报表进行分析，独立制作标准食谱。

（5）食品营养与卫生。通过培训，使员工掌握食品卫生的基本要求，能制定营养菜谱和特殊菜谱，掌握菜点的热量计算方法。

（6）现代厨房管理。通过培训，使员工了解厨房管理的意义，掌握现有厨房资源的合理配置方法、厨房的生产流程，能指导新厨师安全使用设备，提高与其他部门一起完成大型任务的协调能力。

（7）专业英语。通过培训，使员工能借助英汉字典看懂简单的与宴会、餐厅等相关的英语资料。

【案例 2】

清汤鱼圆制作培训教案

培训时间	9 月 1 日	培训地点	红案演示室	培训指导者	张三
培训对象及人数	新员工 12 人	培训类型	技能操作	课时	2 学时共 90 分钟
培训目的	通过培训掌握清汤鱼圆的制作方法				
培训重点	清汤鱼圆的搅打和成熟				
培训难点	清汤鱼圆搅打程度和成熟程度的判断				
培训方法	讲授、示范、演练相结合				
时间分配	教学环节	教学内容			教学方法
5 分钟	复习旧课导入新课	通过提问检查员工对前面学习内容的掌握情况，并记入成绩考核表			展示、提问、讲述
20 分钟	讲授要点示范操作	通过图片介绍，激发员工的学习兴趣，具体讲解清汤鱼圆的制作方法后，接着进行演示和操作，使员工熟悉并掌握清汤鱼圆制作的理论知识和操作技能 　1. 原料准备：鲢鱼一条（约 750 g），葱、姜各 20 g，盐 10 g 　2. 工具、设备准备：刀 1 把，菜墩 1 个，大品锅 1 个，炒锅、勺各 1 个，炉灶 1 台 　3. 工艺流程：备料→初加工→取净肉→刮鱼茸→搅打→结鱼圆→熟制 　4. 注意事项：鱼肉去刺取净肉，排剁要细腻，加水加盐比例要准确，搅打要上劲，冷水下锅，慢火加热 　培训指导者示范操作			讲解、示范、展示

时间分配	教学环节	教学内容	教学方法
45分钟	员工实操培训指导者巡视指导	员工操作 1.清汤鱼圆制作关键技术指导（难点） 2.纠正员工在实操中的不规范动作（重点），如辅料投料的比例、搅打鱼茸时间、煮制水温等	讲解、指导
15分钟	总结要点分析评价	对每个员工在操作过程中的表现及成品效果进行打分、评估分析，巩固所学知识 1.对员工的实操成绩进行登记 2.对巡回指导过程中员工遇到的特殊情况和出现的问题进行分析总结 3.加强员工的职业道德培养，注意食品卫生 4.解答员工提出的问题	讲解、提问
5分钟	布置作业	完成清汤鱼圆的操作报告及评估分析；预习下次课程芙蓉鱼片制作的理论知识	讲解

■ 学习单元3 实施培训教学

实施培训教学是培训指导者有目的、有计划、有组织地引导培训对象能动地开展学习认知及实践训练活动，使培训对象循序渐进地掌握理论知识和习得专业技能，实现培训目标的过程。

一、教学语言的运用

课堂教学语言表达是教学艺术的一个基本且重要的组成部分。培训指导者向培训对象传道、授业、解惑以及师生之间信息的传递和情感的交流，都离不开教学语言的运用。因此，要成功地上好每一堂课，培训指导者应不断提高自己的语言修养，熟练掌握教学语言运用技巧。

1. 课堂教学语言的特点

（1）教育性。课堂教学语言承载对培训对象进行思想教育、情感教育、审美教育的功能。

（2）学科性。课堂教学语言应满足发音准确、节奏合理的语言要求，准确、规范的专业要求。

（3）科学性。课堂教学语言应符合语法、表达准确、不生歧义。

（4）简明性。课堂教学语言应简明扼要，易理解，避免烦冗。

（5）启发性。课堂教学语言应温馨、生动、幽默，富于启发性。

（6）可接受性。课堂教学语言应符合培训对象的年龄特征、工作氛围，通俗易懂。

2. 课堂教学语言的类型

（1）引入阶段的教学语言。俗话说，好的开端是成功的一半。作为一堂课的开头，课堂教学的引入环节直接影响课堂教学的效果。引入环节的教学语言必须简明扼要且具有启发性，既要激活培训对象已有的知识，又能激发起培训对象的求知欲望。引入阶段的教学语言不能占用过长时间，一般不应超过两分钟。否则，就会使课堂主次不分，并分散培训对象的注意力，也很容易使培训课堂产生前松后紧的现象，导致达不到预想的效果。

（2）讲解阶段的教学语言。在课堂讲解阶段，培训对象很容易产生人在教室心在外的现象。要想让培训对象在 45 分钟内思路紧跟培训指导者，积极参与到各项教学活动之中，培训指导者必须运用形象、生动、幽默的教学语言，把培训对象带入教学情境之中，而不能一味地使用"请大家安静""认真听"等命令式语言，使培训对象被动地接受。在教学过程中，培训指导者要结合教学内容，用严密的逻辑和科学的思维指导教学语言，不能信口开河。良好的语言习惯、与时俱进的语言积累、深入浅出的讲解语言，可以使培训指导者将教学内容讲精、讲深、讲透、讲活，从而取得良好的课堂效果。

（3）课堂小结的教学语言。课堂小结是课堂教学的一个重要环节。课堂小结阶段的教学语言不仅要精炼准确，而且要高度概括本节课的主要内容，促使培训对象准确把握所学的新知识，帮助培训对象完成课后作业，并对以后要学习的内容产生期待，争取达到"课已尽、趣未尽"的效果。

3. 课堂教学语言的基本要求

（1）规范科学。首先，教学语言的规范科学是对培训指导者的最基本要求，包括语音正确，吐字清晰，语调丰富，语速、音量适中，符合学科特点等方面的要求。应避免出现诸如"嗯""啊""这个""那个"等口头禅。其次，规范科学的教学语言要求培训指导者做到思想无谬误、知识没差错。培训指导者对知识的描述和界定要肯定、准确、科学，切勿含糊其词，避免使用"大概""或许""可能"之类的言辞，更不能用想象和猜测替代严密的推理和科学的论证，尤其在介绍定义、公式、原理、规则等方面，更要准确科学，并注意恰当使用学科专业术语。

（2）精炼准确。教学语言的精炼准确应体现为切中要害、言简意赅、合乎逻辑。内容上要符合以旧带新、从表及里、由浅入深、层层深入、有因有果、从具体到抽象、由特殊到一般的认识规律，要点突出，条理清晰，层次分明，结构严谨。如果为了特殊目的穿插一些小故事，时间也不宜太长，达到效果即可，避免教学语言偏离授课主线。

（3）生动幽默。生动幽默是取得良好课堂效果的法宝之一，体现为语言丰富、表达灵活、激发热情、活跃课堂、深刻睿智，促使培训对象在笑声中领悟培训指导者语言所蕴含的丰富知识。当然，教学语言不能只是为生动而生动，为幽默而幽默。如果脱离了教学内容和实际需要，一味地取笑逗乐，那只会给培训对象以粗俗轻薄、油嘴滑舌之感。油腔滑调、戏谑讽刺都会对培训对象的学习和成长产生负面的影响，而不良的语言习惯或许会影响培训对象的长期发展。

（4）激发思维。英国教育学家罗素说过："教学语言应当是引火线、冲击波、兴奋剂、催化剂，要有撩人心智、激人思维的功效。"也就是说，教学语言不仅应做到促使师生情感上产生共鸣，而且应激发培训对象的思维，促使培训对象深度思考，给培训对象以力量、信心和克服困难的勇气，这不仅是教育的最终目的，也是教学语言要达到的最高境界。

二、课堂教学过程组织

1. 传递接受式

基本程序：激发培训对象学习动机—复习旧课—讲授新课—巩固运用—检查。

这种模式主要用于系统知识技能的传授。特点是：能使培训对象比较迅速有效地在单位时间内掌握较多的信息，突出地体现了培训指导者直接控制教学过程的主导作用，但其因不利于培训对象主动性的充分发挥而一直受到异议。要克服这一缺点，培训指导者必须使所授内容与培训对象原有的认知结构建立起实质性联系，激发培训对象的积极性，使其主动从原有知识结构中提取最有联系的旧知识来"固定"或"同化"新知识。

2. 自学辅导式

基本程序：自学—讨论交流—启发指导—练习总结。

这种模式有利于培训对象自学能力和习惯的培养，有利于适应培训对象的个体差异。培训指导者虽然只起解惑、释疑的作用，但是能有的放矢地对培训对象进行辅导，针对性强。

3. 引导发现式

基本程序：问题—假设—验证—总结提高。

这种模式最主要的功能在于使培训对象学会如何学习，如怎样发现问题、怎样加工信息、对提出的假设如何推理验证等。其局限性是较适用于逻辑性强的学科，需要培训对象具有一定的先行经验储备，这样才能通过强烈的问题意识找到解决问题的线索。

4. 情境陶冶式

基本程序：创设情境—参与各类活动—总结转化。

这种模式的主要作用是对培训对象进行个性的陶冶和人格的培养，较适用于管理、礼仪、案例分析等培训课程。

5. 示范模仿式

基本程序：定向—参与性练习—自主练习—迁移。

这种模式多用于以训练行为技能为目的的教学，可通过该模式掌握基本行为技能，如烹饪基本技能、创作菜单技能等。

在实际教学中，教学模式远远不止上述几种，且每种模式都可以有许多变式，各种教学模式并不是和各个具体教学单位时间（课时）一一对应的，有时一个课题的教学过程往往需要综合运用好几种教学模式来完成。因此，具体情况具体分析是选择教学模式的基本原则。

课程 5-2　技能指导

■ 学习单元　技能指导的组织和评定

培训是通过有组织、有计划地对有关人员进行训练，使之提高与工作相关的知识、技艺、能力以及态度等素质，以适应并胜任岗位工作的过程。从内容上培训大体可分为理论知识培训、技能指导培训、心理素质培训等。

一、技能指导概述

员工的工作技能是一个企业生产高质量产品、产生最佳效益、获得发展的源泉。因而，技能培训是企业培训中的重点环节。技能是指人们运用有关知识经验，顺利地完成某项任务的一种机体活动方式或智力活动方式。技能通过练习而获得，分为动作技能和智力技能。动作技能与智力技能同样是在大量的、反复的练习中得以形成和巩固的。

动作技能以智力技能为基础，智力技能通过动作技能来表现，如厨师对原料加工的切、劈、剞等主要是手、臂、眼的配合动作，但如何切得准确、切得规矩、切得平整，满足菜品的技术要求，却受到主观意识的支配，也就是有智力活动参与。

二、技能指导的组织程序

1. 技能指导前准备

（1）制定技能指导任务、计划。结合培训内容确定技能指导任务，并根据具体任务制订指导计划，计划应包括：技能指导目的、主要内容和要求，地点及时间安排，所需设备设施、经费，组织纪律与注意事项，技能学习报告要求，成绩考核方式，检查总结，等等。设立计划落实小组，明确各自职责。

（2）设施设备、原材料和耗材准备。根据技能指导所制定的任务和计划，列出技能指导所需设施设备、原材料和耗材清单，及时申领、申购并准备相关物品，设施设备、原材料和耗材的准备可与技能指导计划同时进行。

（3）选聘技能指导教师。根据技能指导的任务和计划，选派企业内技术能手或者外聘知名专家为技能指导教师。

2. 技能现场指导

（1）指导教师应全程参与技能指导教学。按照技能指导任务和计划的要求，精心组织指导，要做好技能实训示范工作并及时指导，解决学员技能实训中遇到的实际问题，使学员掌握技能。

（2）指导教师对技能实训过程的安全负责。实操训练前，指导教师应针对操作过程中的安全问题做好提醒和教育。技能实训中，学员应遵守安全操作规程，确保设备和人身安全。若发生事故，应及时报告处理，做好事故记录。

（3）指导教师在技能实训整个过程中还应做好组织管理和教学评价工作，在技能指导的过程中要融入理论知识和职业道德的学习。

3. 技能考核评价

（1）参加技能实训的学员要提高对技能实训的认识，在指导教师的指导下按大纲要求完成任务，写好技能学习报告。

（2）参加技能实训的学员要严格遵守各项规章制度及安全操作规程。

（3）参加技能实训的学员要爱护实训设施设备，节约实训原料和耗材，如有损坏丢失现象，应照价赔偿；造成重大事故，须负相应责任；如有故意浪费现象，指导教师应给予批评教育。

（4）学员参加技能培训期满，应参加考试或考核，填写培训档案。

三、技能指导的效果评定

1. 技能水平测试

技能实训结束时，根据实训任务和教学计划开展技能考核。技能考核一般以实操的方式进行，命题时既要兼顾任务的典型性，不出偏题、怪题，也要考虑让学员在典型任务中有创新、创意的发挥空间。

2. 知识水平测试

与实训对应的理论考试放在技能考核之前统一进行，以提高考试的严肃性与严密性。一般理论命题应准备两套以上，随机抽取一套用于考试，另一套用于补考。理论考试常见的题型有单项选择题、多项选择题、判断题、填空题和问答题，其中单项选择题、多项选择题和判断题属于客观题，应知应会的理论测试以客观题命题居多。

3. 态度、礼仪测试

对于态度、礼仪的测试，通常以过程性评价为主。从教师的角度，教学活动从教学目标、教学过程到形成评价，评价处于一系列教学活动的结尾；但从学员的角度，基于学习评价开始学习活动并促成学习成效，评价用于指导学习活动，是在教学活动的开端。指导教师在培训开始之际，应公布态度、礼仪评价方法，如把学习过程中按时出勤、认真听课、积极参与等作为考核内容，评定测试成绩。

4. 综合评定

将上述技能考核测试成绩、理论考试测试成绩和态度、礼仪测试成绩作为综合评定的重要依据，并参考技能培训中的学习报告、总结、作品等成果，指导教师按优、良、中、及格、不及格五个等级给予综合评定。

第二部分　高级技师

模块 6　宴会主理

课程 6-1 宴会菜点的组织

■ 学习单元 1 宴会菜点制作

宴会菜点制作是烹调艺术、文化和科学的有机结合，宴会菜点多选用山珍海味和名蔬佳果为食材，刀工精致、色彩缤纷、技法精湛、味型丰富、质地多样、餐具精美。整体而言，宴会菜点制作原料搭配要合理，味型搭配要合理，烹调技法尽可能不雷同。

一、宴会菜点制作的特点

每一桌宴会菜点构成要求形式丰富多彩、富于变化，色、香、味、形、器合理搭配，做到荤素、咸甜、浓淡、干稀、质地、色泽相辅相成，浑然一体。这样宴会菜点才会有节奏感和动态美，既灵活多样、充满生气，又增加美感、促进食欲。

1.选料广博合理

宴会菜点制作中选用的原料是多种多样的，如鸡、鸭、鱼、肉、豆、菜、果等。原料是菜点风味多样化的基础，还可提供多种不同的营养素。原料不同，口味各异。

2.刀工精妙绝伦

宴会每道菜的刀工都要很精细，选择不同刀法，将菜点原料加工成多种美观的形状，如丝、条、块、片、丁、球等，也有加工成象形形态的，如葡萄形、玉米形、荔枝形、松鼠形、飞燕形、青蛙形、蝴蝶形等。

3. 烹调技法多样

整桌宴席菜点制作中尽可能选用多种烹调方法，如炸、熘、爆、炒、烧、烩、烤、煎、炖、拌等，从而使制成的菜点在色、香、味、形、质等方面各具特色。

4. 造型美观精致

宴会菜点的造型应美观精致，如采用动物、植物、几何形等造型，与宴会主题有机结合，做到清丽典雅，给人一种栩栩如生的感觉，起到美化菜点、烘托气氛、增进食欲的作用。

5. 色彩搭配协调

合理组合原材料，使经过烹调后所产生的色泽搭配合理，既鲜艳悦目，又层次分明。

6. 味型丰富多彩

宴会菜点应丰富多彩，滋味醇正多样，口味变化起伏，实现"五滋六味，滋味无穷"的效果。

7. 质感富于变化

宴会菜点应随菜选料、因料施艺，使每个菜点形成不同的质感，宴席才显得富于变化，食乐无穷。

8. 器皿配备统一

宴会中选用的器皿要与菜点合理搭配，美食美器，相得益彰；器皿应扬菜之长，补菜之短，突显菜点，烘托菜点。

9. 品种衔接配套

宴会菜点中的冷菜、热菜、大菜、点心、水果、酒水等，应搭配合理，均衡统一。

10. 营养成分合理

宴会菜点中的脂肪、蛋白质、糖类、维生素、矿物质、纤维素等营养成分应全面合理，满足顾客生理需求，增进顾客身心健康。

二、宴会菜点生产的过程

1. 制订生产计划阶段

这一阶段是按照宴会任务的要求，根据已经设计好的宴会菜单，制订菜点生产计划。

2. 烹饪原料准备阶段

烹饪原料准备阶段是指在生产加工菜点之前对各种烹饪原料进行准备的过程。准备的内容是根据已制定好的宴会原料采购单上的内容和要求进行的。准备的方式有两种：一种是提前准备干货原料、调味原料、冷冻冷藏的原料等，在生产加工之前的一段时间里可以采购回来，经过验收后入库保存；另一种是在规定的时间内即时采购，如新鲜的蔬菜和动物原料，以及活养水产原料（无活养条件或活养水产原料的数量、品种不足时）等。

3. 辅助加工阶段

辅助加工阶段是指为基本加工和烹调加工提供净料的各种预加工或加工过程。例如，各种新鲜原料的初步加工、干货原料的涨发等。

4. 基本加工阶段

基本加工阶段是指将烹饪原料变为半成品的过程。热菜的基本加工阶段是指原料的成形加工和配菜加工，为烹调加工提供半成品。点心的基本加工阶段是指制馅加工和成形加工。而冷菜的基本加工阶段是指对原料进行制熟调味，如卤鸭的卤制；或对原料进行切配调味，如对黄瓜的成形加工、腌制、调拌入味等。

5. 烹饪与装盘加工阶段

烹饪加工阶段是指半成品经烹调或制熟后，成为可食菜肴或点心的过程。例如，各种已加工成形的原料经配份后，需要加热烹制和调味；经包捏成形的点心生坯，经过蒸、煮、炸、烤等方法成熟。成熟后的菜肴或点心，再经装盘加工，便成为一个完整的菜肴或点心成品。冷菜是宴会上的第一道菜，所以要在热菜烹调、点心制熟之前先行完成装盘制作。

6. 菜点成品输出阶段

　　成品输出阶段是指将生产出来的菜肴、点心及时有序地提供上席，以保证宴会正常运转的过程。从开宴前第一道冷菜上席，到最后一道水果上席，菜肴及点心成品输出与宴会流程要相互配合。

　　构成宴席菜点生产过程的几个阶段，因为生产加工的重点不同而互有区别，甚至相对独立；但是它们作为整个宴会生产过程的一部分，由于前后工序的连接和任务的规定性，又紧密联系、协同作用。

三、宴会菜点生产设计的要求

　　宴会菜点生产设计，实际上是宴会菜单菜点设计的延伸，是采用技术语言描述的、能够付诸实施的生产指令。其设计要求如下。

1. 目标性要求

　　目标性是宴会菜点生产设计的首要要求。它是生产过程、生产工艺组成及其运转所要达到的阶段成果和总目标。宴会菜点生产的目标，由一系列相互联系、相互制约的技术和经济指标组成，如品种指标、产量指标、质量指标、成本指标、利润指标等。宴会菜点生产设计，必须首先明确目标，保证所设计的生产工艺能有效地实现目标。

2. 集合性要求

　　集合性是指为达到宴会生产目标，合理组织菜点生产过程。要通过集合性分析，明确宴会生产任务的轻重缓急，确定宴会菜单菜点生产工艺的难易、繁简程度和技术、经济指标，根据各生产部门的人员配置、生产能力、运作程序等情况，合理地分解宴会生产任务，组织生产过程，并采用相应调控手段，保证生产过程的正常运转。

3. 协调性要求

　　协调性是指从宴会菜点生产的总体需要出发，规定各生产部门、各工艺阶段之间的联系和作用关系。宴会菜点的生产既需要分工明确、责任明确，以保证各自生产任务的完成，又需要各生产部门相互间的合作与协调，以及各工艺阶段、各工序之间的衔接和连续，以保证在整个生产过程中，流程始终处于协调运作状态，没有或很少有不必要的停顿和等待现象。

4. 标准性要求

标准性是指宴会菜点必须按统一的设计标准进行生产，以保证菜点质量的稳定。宴会菜点生产有了标准，就能高效率地组织生产，生产工艺过程就能得到控制，成本就能控制在规定的范围内，也就能保持菜点质量的稳定性。

5. 平行性要求

平行性是指宴会菜点生产过程的各阶段、各工序可以平行作业。这种平行性的具体表现是，在一定时间段内，不同品种的菜肴与点心可以在不同生产部门平行生产，各工艺阶段可以平行作业；一种菜肴或点心的各组成部分可以单独进行加工，也可以在不同工序上同时加工。平行性的实现可以使生产部门和生产人员不再有忙闲不均的现象，从而缩短宴会菜点生产时间，提高生产效率。

6. 节奏性要求

生产过程的节奏性是指在一定的时间限度内，有序地、有间隔地输出宴会菜点产品。宴会活动时间的长短、顾客用餐速度的快慢，都决定和制约着生产的节奏性、菜点输出的节奏性（主要指冷菜之后的热菜、点心等的生产节奏）。设计中应规定菜点输出的间隔时间，同时又要根据宴会活动实际、现场顾客用餐速度，随时调整生产节奏，避免菜点输出过慢或过度集中。

总之，目标性是宴会菜点生产的首要要求，通过目标指引，可以消除生产的盲目性；集合性分析解决生产过程组织的合理性问题，以保证生产任务的分解与落实；协调性强调生产部门、各工艺阶段、各工序之间的相互联系，发挥整体的功能；标准性是宴会菜点生产设计的中心，是目标性要求的具体落实，没有菜点的制作标准、质量标准，生产与菜点质量无法控制；平行性和节奏性是对生产过程运行的基本要求，是对集合性和协调性的验证。

学习单元 2　宴会菜点生产实施方案的编制

宴会菜点生产实施方案是根据宴会任务编制的用于指导和规范宴会生产活动的技

术文件，是整个宴会实施方案的重要组成部分，对于宴会菜点的保质保量出品和宴会的成功举办能起到组织计划和协调作用。

一、宴会菜点生产工艺设计的方法

1. 标准食谱式设计

标准食谱式设计就是以菜谱的形式，列出菜肴或点心所用原料配方，规定制作程序和方法，明确盛器规格和装盘形式，注明菜肴或点心的质量标准，说明可供用餐人数（或每客分量）、成本和售价的设计方法。简单地说，标准食谱是关于制作某一菜肴或点心的一系列说明的集合，宴会标准食谱设计样本见表 6-1-1。

表 6-1-1　宴会标准食谱设计样本

菜名：原汤鲍鱼盅　　规格：3 寸汤盅（各客）　　用餐人数：10 人

成本：450 元　　售价：980 元

原料名称	数量	制作程序	备注
水发鲍鱼 火腿片 冬笋片 鸡清汤 绍兴酒 小薄片姜 小葱段	500 g 100 g 100 g 1 000 g 20 g 10 片 10 根	1. 水发鲍鱼切整形片，沸水焯透后，捞起沥水 2. 鲍鱼片、火腿片、冬笋片分盛于 10 只小汤盅内，每只汤盅内放鸡清汤 100 g、绍兴酒 2 g、姜片 1 片、小葱段 1 根 3. 将盅盖好，入笼蒸约 1 小时	葱、姜不宜多放，否则影响口味 　蒸鲍鱼片要用旺火蒸制
熟猪油 生鸽蛋 水发香菇丝 绿菜叶末 熟火腿末 黄蛋糕末 鸡清汤 豌豆苗 精盐 味精	5 g 10 只 10 g 3 g 3 g 2 g 200 g 50 g 35 g 5 g	4. 取 10 只 2 寸调味碟，用热猪油抹匀 5. 磕生鸽蛋入碟，用水发香菇丝、绿菜叶末、火腿末、黄蛋糕末在蛋液表面点缀 6. 入笼蒸 3 分钟至熟 7. 将蒸熟的鸽蛋倒入盛鸡清汤的碗中，漂去油花 8. 豌豆苗沸水焯至变色，捞起沥水 9. 取出汤盅，拣去姜、葱，放精盐、味精，再放入豌豆苗、熟鸽蛋 10. 上笼再蒸 2 分钟，即成	点缀要简洁鲜明 蒸鸽蛋要用小火沸水蒸制

续表

装盘形式	
	质量特点：造型典雅，色彩鲜明，鸽蛋细嫩，形如满月；鲍鱼软韧，汤清味醇

设计标准食谱必须注意以下几点。

（1）叙述要简明扼要、浅显易懂。

（2）概念、专业术语的使用要确切和一致，对不熟悉或不普遍使用的概念、专业术语须另加说明。

（3）原料按使用顺序排列，原料名称要写全称，对质量、规格有特别要求的必须注明，需用替代品的也要注明。

（4）原料的数量要准确，计量单位一般用克（g）、千克（kg）表示，适合于衡量的可以用茶匙、汤匙、杯等固定的衡具标注用量，需要另用其他计数单位表示的要一并写上。

（5）制作程序要按加工顺序逐步地写，适合于定量表述的要注明相关数据（如烹调时的加热温度和时间），适合于定性表述的要描述得当，适合用机器加工的要做必要的说明。

（6）如果条件许可，应用图示来表示产品的最后装盘形式，以加强直观性；对成品质量特点的说明要言简意赅。

（7）标准食谱的分量是以用餐人数10位来确定的，当人数有变化时，分量应随之增加或减少。

宴会菜点生产工艺采用标准食谱设计法具有实际的指导意义，它对于规范厨师的操作、控制生产过程和生产成本、保证宴席菜点质量和加强科学管理是非常必要的。

2. 标量式设计

标量式设计就是列出宴会每种菜肴或点心的名称、用料配方，注明菜肴或点心份数和用餐人数，用它来作为厨房备料、切割加工、配份和烹调依据的设计方法。这种形式的设计，有利于控制食品成本和菜点规格，比较适合于对菜点非常熟悉、已掌握生产标准、有较高操作技术水平的厨师。

3. 工艺流程卡设计

工艺流程卡又称工艺路线卡、制作程序卡。工艺流程卡设计是在标量式设计的基础上，将加工生产每种菜肴或点心的工艺过程中的每道加工环节（或加工工序）以图示和文字的形式反映出来的设计方法，双皮刀鱼工艺流程卡如图 6-1-1 所示。

原料	刀鱼 4 条（约 700 g），白鱼肉 125 g，熟火腿末 15 g，绿菜叶末 10 g，熟火腿片 50 g，冬笋片 50 g，水发冬菇片 30 g，生姜片 15 g，葱段 15 g，熟猪油 50 g，鸡汤 150 g，鸡蛋 1 个，绍兴酒、精盐适量
工艺流程	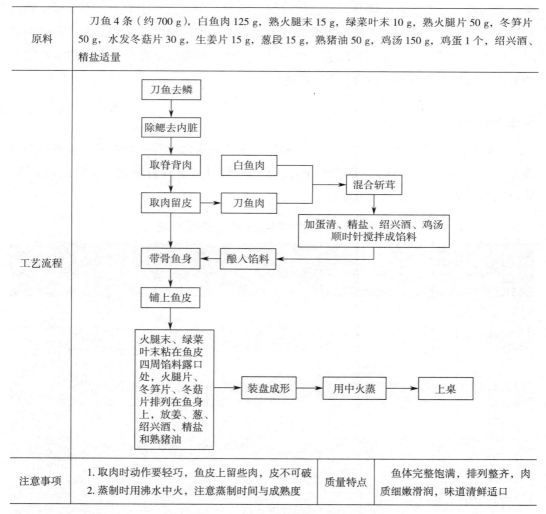
注意事项	1. 取肉时动作要轻巧，鱼皮上留些肉，皮不可破　2. 蒸制时用沸水中火，注意蒸制时间与成熟度

质量特点	鱼体完整饱满，排列整齐，肉质细嫩滑润，味道清鲜适口

图 6-1-1　双皮刀鱼工艺流程卡

在设计工艺流程卡时，应注意以下几点。

（1）加工工序的转换和衔接要交代得清清楚楚；

（2）文字描述要简洁明了；

（3）概念、专业术语的应用要准确，特别是关键词一定要精确；

（4）图示清晰有序，便于阅读。

4. 工艺工序卡设计

工艺工序卡是按照菜肴或点心生产过程中的每一个工艺阶段分工序编制的。它包括工艺流程卡的全部内容，并且比其更细致详尽，标准更明确。工艺工序卡除了考虑菜点类别外，还要注意不同品种工艺阶段的特殊性。在工艺工序卡上，不仅要正确区分工艺阶段，还要将这一工艺阶段的每一道工序的详细操作内容、加工方法和规格要求、注意事项等一一清楚地列出来。这种设计方法，对高规格宴会菜点、技术难度高的菜点，以及厨师不够熟悉的菜点比较适宜。

5. 表格式设计

表格式设计是将宴会菜点的用料、制作方法、质量标准等项目内容，按菜点类别及上席顺序编制成表格的一种设计方法。表格式设计具有栏目精细、文字浅显易懂、适合行业习惯等特点，见表6-1-2。

表6-1-2　宴会菜点生产工艺设计表

类别	上席顺序	菜名	原料	烹调方法	味型	色泽	质感	造型	餐具			成本	售价	备注
									规格	形状	颜色			

总之，采用什么方法、什么形式的工艺设计，主要取决于宴会的重要程度、菜点

生产的技术性要求、厨师操作技术水平、餐饮企业的管理要求以及宴会经营需要。

二、宴会菜点生产实施方案编制的内容

宴会菜点生产实施方案是保证既定宴会生产目标有效完成的技术说明，宴会菜肴生产实施方案是在接到宴会任务通知书、宴会菜单之后制定的。其主要构成内容如下。

1. 宴会菜点生产工艺设计书

可以根据宴会的接待级别、重要程度、菜点生产的技术性要求、厨师团队操作水平等实际情况，选择标准食谱式、标量式、工艺流程卡、工艺工序卡或者表格式，创作、编制宴会菜点生产工艺设计书。

2. 宴会菜点用料单

宴会菜点用料单是按实际需要量来填写的，即按照设计需要量加上一定的损耗量填写，有了用料单可以对储存、发货、实际用料等进行宴会食品成本跟踪控制。

3. 原材料订购计划单

原材料订购计划单是在宴会菜点用料单的基础上填写的，见表 6-1-3。

表 6-1-3　原材料订购计划单

订购部门＿＿＿＿＿＿＿＿＿　　订购日期＿＿＿＿＿＿＿＿＿　　编号＿＿＿＿＿＿＿＿＿

原料名称	单位	数量	质量要求	供货时间	费用估算		备注
					单位价格	总价	

填写原材料订购计划单要注意以下几点。

（1）如果市场上供应的原料名称与烹饪行业习惯称呼不一致或规格不一致时，可以经采供双方协商后，以编码的形式代替原料名称，这种做法还有一个好处，就是厨房生产人员的变动不影响原料名称确认。

（2）如果所需原料品种在市场上有符合要求的净料出售，则写明是净料；如果市场上只有毛料而没有净料，则需要先进行净料与毛料的换算后再填写。

（3）原料数量一般是需要量乘以一定的安全保险系数，然后减去库存数量后得到的。如果有些原料库存数量较多、能充分满足生产需要，则应省去不填写。

（4）原材料质量要求一定要准确地说明，如果原料有特别质量要求，则需要将希望达到的质量要求在备注栏中清楚注明。

（5）原料的供货时间填写要明确，不填或误填都会影响菜点生产。

4. 宴会生产分工与完成时间计划

除了临时性的紧急宴会任务外，一般情况下，应根据宴会生产任务的需要，尤其是大型宴会或高规格宴会，对有关宴会生产任务进行分解，对人员进行分工和配置，明确职责并提出完成任务的时间要求。

拟定计划还要根据菜点在生产工序上移动的特点，同时结合宴会生产实际情况来考虑。例如，从原料准备到初加工，再到冷菜、切配、烹调、点心等几个生产部门，生产工序是以一种顺序移动的方式进行的。因此，对顺序移动的加工工序而言，前道工序的完成时间应有明确的要求，否则将影响后续工序的顺利进行和加工质量。又如，冷菜、热菜、点心的基本生产过程是一种平行移动的加工过程，在开宴前对它们完成状态的要求也不同，冷菜可以是已经完成装盘造型的成品，热菜和点心是待烹调与制熟的半成品。因此，对平行移动的加工过程而言，必须对产品完成状态与完成时间提出明确的要求。

5. 生产设备与餐具使用计划

在宴会菜点生产过程中，需要使用如和面机、轧面机、绞肉机、食物切割机、烤箱、切片机、炉灶、炊具和燃料、调料钵、冰箱、制冰机、保温柜、冷藏柜、蒸汽柜、微波炉等多种设备，以及各种不同规格的餐具等。所以，要根据不同宴会任务的生产特点和菜点特点，制定生产设备与餐具使用计划，并检查生产设备的完好情况和使用情况，以保证生产的正常运行。

6. 影响宴会生产的因素与处理预案

影响宴会生产的客观因素，主要有原料因素、设备条件、生产任务的轻重与难易、生产人员的技术构成和水平等；影响宴会生产的主观因素，主要有生产人员的责任意识、工作态度、对生产的重视程度和主观能动性的发挥程度。为了保证生产按计划有效运行，应针对可能影响宴会生产的主、客观因素提出相应的处理预案。

另外，在执行过程中，要加强现场生产检查、督导和指挥，及时进行调节控制，这样能有效地防止和消除生产过程中出现的一些问题。调控的方法主要有程序调控法、责任调控法、经验调控法、随机调控法、重点调控法、补偿调控法等。

三、宴会菜点生产实施方案编制的步骤

宴会菜点生产实施方案是根据宴会任务的目标要求编制的用于指导和规范宴会生产活动的技术文件，是整个宴会实施方案的重要组成部分，其编制步骤如下。

第一步：充分了解宴会任务的性质、目标和要求。

第二步：认真研究宴会菜单的结构，确定菜点生产量、生产技术要求，如加工规格、配份规格、盛器规格、装盘形式等。

第三步：制定标准食谱，开出宴会菜点用料标准料单，初步核算成本。

第四步：制订宴会生产计划。

第五步：编制宴会菜点生产实施方案。

四、宴会菜点生产的组织实施步骤

第一步：组织培训，明确宴会菜点生产任务。

第二步：落实人员分工，分解宴会生产任务，明确工作职责，明确菜点加工要求、技术标准、质量标准、注意事项，以及完成任务的时间。

第三步：确定生产运转形式及不同岗位、工种相互间的衔接方式。

第四步：准备原料，检查加工设施设备并确保能正常使用。

第五步：组织菜点的生产加工，加强过程督导，检查生产质量，及时解决生产中出现的问题。

第六步：按照既定的出菜程序，有条不紊地生产出菜点。

课程 6-2　宴会服务的协调

■ 学习单元 1　宴会服务概述

宴会服务质量是宴会质量的重要组成部分，往往会直接影响餐饮企业的声誉。因此，了解宴会服务的特点和作用，重视宴会服务质量，对提升宴会文化品位、增加宴会产品的文化附加值、打造宴会品牌具有重要作用。

一、宴会服务的特点

宴会服务要求严格，在环境及台面布置上讲究格调高雅，既要舒适干净，又要突出隆重热烈的气氛，服务要标准、周到、细致。具体有以下几个特点。

1. 宴会服务的系统化

宴会服务不仅指宴会服务员在宴请时为顾客提供的服务，它同时还包括顾客问询、预订、筹办、组织实施、实际接待以及跟踪、反馈等服务，是宴会部各个部门全体员工密切配合、共同努力完成的工作。因此，宴会服务是一项系统性很强的工作，每一个环节既自成一体，又属于整体规划的一部分。任何一个服务环节不到位或者脱节，都将影响整个宴会的正常运转。

2. 宴会服务的程序化

宴会提供的服务有先后顺序，各项工作要按照预先设置的一定程序运行，各个部门和岗位及工作人员必须共同遵守，不能先后颠倒，更不能中断，且要求每个环节互相衔接。例如，服务操作的摆台中，铺台布、摆转台、摆小件餐具等，都必须依次进行，如果三者的顺序颠倒了，必将适得其反、事倍功半。

3. 宴会服务的标准化

每一项宴会服务工作都有一定的标准，服务人员必须严格遵循。比如预订这个环节，预订人员必须严格按照预订程序操作，填写指定的表格。再如席间服务环节，服务人员必须按规定的顺序和操作规范上菜、斟酒等。这些操作规范和服务程序是服务人员的工作准则，服务过程中不允许违背和疏漏。

4. 宴会服务的人性化

宴会服务是一门艺术，服务的对象是人。因此，宴会服务不仅要为顾客提供满意的饮食产品、规范有序的服务，而且服务要以人为中心，强调人性化。例如，服务人员带着真诚的微笑，能给顾客以亲和感；凡事一声"请"，使顾客有被尊重的感觉；想客户之所想，送服务于顾客之所需，周到细致，给顾客以"宾至如归"的温馨感和信赖感；等等。

二、宴会服务的作用

1. 宴会服务质量直接体现宴会的规格

不同规格的宴会对宴会厅的布局、摆台、座次的安排以及席间服务的要求不同。赴宴者有时可以根据服务人员的服务质量来评判宴会的规格和档次。为此，宴会工作人员要通过提高服务质量来提高宴会的规格。虽然是便宴，但由于是常客、贵宾，给予顾客高规格的服务，宴会主办者便会感到物有所值甚至是超值，感到非常满意；相反，如果高规格宴会中顾客享受到的是低规格服务，即便菜点质量再好，宴会主办者也会感到不满意。

2. 宴会服务质量直接影响宴会的气氛

宴会非常讲究气氛，席间往往要有宾主讲话或致辞、席间演奏、席间文艺表演等。服务人员作为营造气氛的直接参与者，如果服务意识高、服务技巧娴熟、服务及时到位，就会起到锦上添花的作用。例如，满汉全席的服务人员要求身着民族服装，步伐轻盈，整齐一致，间或有满族舞姿造型，配以民族音乐，使宾客在享受名贵佳肴的同时，也能领略到皇家饮食文化、民族风情、民族风采等，从而营造出高贵、文雅、欢快、融洽的宴会氛围。

3.宴会服务质量决定宴会经营的成效

宴会的成功与否取决于诸多方面的因素。主办者举办宴会往往有其明确的目的，或表示友好，或答谢，或贺喜庆祝等。经验丰富的宴会工作人员会在了解宴会主题后，运用各种服务技巧加强宴会主题的渲染，使气氛和谐圆满，达到令主办者满意的效果，使宴会获得圆满成功。一次成功的宴会，就是一次成功的宣传、一次成功的营销，如此良性循环，可以给企业带来良好的效益。

4.宴会服务质量直接影响餐饮企业的声誉

宴会服务人员直接与顾客接触，他们的一举一动、一言一行都会在顾客的心目中留下深刻印象。因此，顾客可以根据宴会提供的菜点、饮料的质量和分量，以及服务人员的服务态度和服务方式，评判企业的服务质量和管理水平，从而影响企业声誉。

由此可见，宴会服务在宴会中起着非常重要的作用。服务人员只有不断提高服务水平和服务质量，才能更好地满足顾客的宴会消费需求，创造出更好的口碑，从而提高宴会的经济效益。

■ 学习单元 2　协调宴会服务方案的实施

大型宴会、重要宴会涉及面广、工作量大，在组织、协调、衔接、工作执行等方面任务艰巨，需要调配各部门的力量，群策群力，明确职责，密切合作，才能保证宴会的成功举办。

一、宴会服务人员分工计划

规模较大的宴会要确定总指挥人员，在准备阶段要向服务人员交任务、讲意义、提要求，宣布人员分工、服务注意事项等。

1. 人员分工的基本内容

要根据宴会要求，对迎宾、值台、传菜、供酒及衣帽间、贵宾室服务等岗位，制定明确分工和具体任务要求，将责任落实到每个人；做好人力、物力的充分准备，要求所有服务人员从思想上重视，在措施上落实，保证宴会顺利举行。

2. 人员分工的方法

大型宴会的人员分工，要根据每个人的特长来安排，以使所有人员达到最佳组合，发挥最大效益。

（1）服务人员的选择。大型宴会需要所有宴会部门的服务员共同协作才能完成任务，选择服务员应该注意以下几点。

1）男女服务员的比例要适当。男服务员可以做些重体力的工作，女服务员可以做些轻体力且细致的工作。

2）无论是男服务员还是女服务员，都要具备熟练的宴会服务技能，如折餐巾花、摆台、斟酒、分菜等。

3）服务员的仪容仪表要大方美观、得体自然，在服务中能做到礼貌待客、微笑服务。

4）值台的服务员身材应匀称，传菜服务员托盘功底要好，体力较弱的女服务员不宜做传菜工作。

5）各区域负责人要有丰富的宴会服务经验，熟练掌握宴会服务工作程序，有处理突发事件的能力。

6）参加工作时间短或宴会服务技能不熟练的人员，一般不安排参加宴会的服务工作，以免发生问题，影响宴会正常进行。

（2）贵宾席、主宾席服务员的业务水平一般要高于普通席的服务员，应具有多年宴会服务工作经验，技术熟练、动作敏捷、应变能力强、形象大方，男女服务员的配备比例要恰当。

3. 人员分工计划实例

人员分工特别是大型宴会的人员分工与宴会类别、参加宴会宾主的身份、宴会的标准有密切的关系。

以360人大型中餐宴会为例，服务员的安排大致如下。

（1）现场指挥1人。

（2）宴会厅一般宜划分为 5 个区，主席台为 1 区，其他可分为 4 个区，各区设 1 名负责人。

（3）第一桌，安排 16 位宾客，第二桌、第三桌，各安排 12 位宾客。第一桌安排 3 位服务员，1 人传菜，2 人值台；如果为重要宾客，也可安排 4 位服务员，1 人传菜，3 人值台。

（4）第二桌、第三桌每桌应安排 2 位服务员，1 人传菜，1 人值台。

（5）其他各桌平均每桌配备 1 位服务员，可设置 2 人一组，1 人负责值台 2 桌，做斟酒、上菜、让菜的服务，另 1 人负责两桌传菜。

根据上面的安排，可以计算出值台服务员需 20～21 人，传菜服务员需 19 人，共需服务员 39～40 人，后台清理工作还需 7～8 人（不包括管事部的工作人员）。

（6）一般设迎宾员 2 人。

（7）如有休息室服务，可安排 2～3 人做休息室服务工作。

这样，共需要服务员 50～53 人，即可完成整个宴会的工作。

各个地区和酒店的情况不同，应根据各地区、各酒店的具体情况做出合理的安排。

其他类型宴会的人员分工和中餐宴会的人员分工有所不同，有的需要量比中餐宴会少，有的则多，应根据具体情况来定。

为了保证服务质量，可将宴会桌位和人员分工情况标在图表上，使参加宴会的服务员明确自己的职责。此外，一定要明确宴会的结账工作由谁来完成，因为大型宴会增加菜点、酒水的情况经常发生，专人负责账务，可避免漏账、错账现象的发生。

二、宴会场景布置计划

宴会工作人员在进行场景布置时，应该充分考虑到宴会的形式、标准、性质，以及参加宴会的宾客身份等有关情况，精心设计，精心实施，使宴会场景既反映出宴会的特点，又使宾客进入宴会厅后有新鲜、舒适和美的感受，体现出高质量、高水平的服务，其具体布置要求如下。

（1）布置要庄重、美观、大方，餐桌椅、家具摆放要对称、整齐，并且安放平稳。可以在四周和宴会厅空余的地方布置一些盆栽植物、屏风、沙发等。

（2）餐桌之间的距离要适当。大宴会厅的桌距可稍大，小宴会厅的桌距以方便顾客入座、离席，便于服务员操作为限。基本要求相距 2 m 以上，桌距过小会使场面显得拥塞，服务员在服务过程中不方便进出，容易发生事故。

（3）如果席间要安排乐队演奏，乐队不要离宾客的席位过近，应该设在距宾客席位 3～4 m 远的地方。如果席间有文艺演出又无舞池时，则应该留出适当的位置，并铺上地毯，作为演出场地。

（4）酒吧、礼品台、贵宾休息室等要根据宴会的需要和宴会厅的具体情况灵活安排。

（5）大型中式宴会除主桌外，其余的桌子都要编号，放上席次卡（又称号码架）。在宴会厅入口处醒目位置张贴台型设计与座位图，方便宾客进入宴会厅后迅速找到自己所坐桌子的号码和位置。

三、宴会物品准备计划

开宴前的物品准备，主要包括以下几个方面。

1. 备齐台面用品

宴会服务使用量最大的是各种餐具，宴会设计人员或组织者要根据宴会菜点的数量、宴会人数，计算出所需餐具的种类、名称和数量，列出清单并分类进行准备。

所需餐具的计算方法是将一桌所需餐具的数量乘以桌数。各种餐具要富余一定数量供备用，以便宴会中增人或餐具损坏时替补。一般来说，备用餐具数量不应低于需要数量的 20%。

2. 备好酒水

宴会开始前 30 分钟按照每桌人数领取酒水。取出后，要将瓶、罐擦干净，摆放在服务桌上，做到随用随开，以免造成不必要的浪费。

3. 备好水果

宴会配备水果要做到品种和数量适宜。用于宴会的水果，如果采用整形上席的，则按两个品种、每位宾客 250 g 计算数量，所使用的水果应是应季水果，最好选择本地的特产，但也要考虑宾客的喜好。

4. 摆好冷菜

大型宴会一般在正式开始前 15～30 分钟摆好冷菜。服务员在取冷菜时一定要使用托盘，决不能用手端取。

四、开宴前的检查工作计划

开宴前的检查是宴会组织实施的关键环节，它是消除宴会服务隐患，确保宴会顺畅、高效、优质运行的前提条件，是必不可少的工作。开宴前的检查工作很多，主要有以下几项。

1. 餐桌的检查

宴会组织者在各项准备工作基本就绪后，应该立即对餐桌进行检查。检查的主要内容有：餐桌摆放是否符合宴会主办者的要求，摆台是否按本次宴会的规格要求完成，每桌应有的备用餐具及棉织品是否齐全，席次卡是否按规定放到指定的席位上等。

2. 人员到位检查

检查各岗位服务员是否到位，服务员是否明确自己的任务，服务员对服务步骤、操作标准是否熟练掌握，服务员仪容仪表是否符合要求。

3. 卫生检查

卫生检查主要检查个人卫生、餐用具卫生、宴会厅环境卫生、食品卫生等。

4. 安全检查

安全检查的目的是确保宴会能顺利进行，保证参加宴会的宾客的安全，主要有以下几项内容。

（1）宴会厅的各出入口有无障碍物，安全出口标识是否清晰，洗手间的用品是否齐全，如发现问题，应立即组织解决。

（2）各种灭火器材是否按规定位置摆放，灭火器周围是否有障碍物，如有应及时清除。要求服务员能够熟练使用灭火器材。

（3）宴会场地内的用具如桌椅是否牢固可靠，如发现破损餐桌应立即修补撤换，不稳或摇动的餐桌应加固垫好，椅子不稳的应立即更换。

（4）地板有无水迹、油渍等，如新打蜡的地板应立即磨光，以免人员滑倒。若地面铺放的是地毯，要查看地毯是否洁净，接缝处对接是否平整，如发现错位或凸起，应及时处理。

（5）宴会所需的酒精、固体燃料等易燃品，要有专人负责，检查放置易燃品的位置是否安全。

5. 设备检查

宴会厅使用的设备主要有电器设备、空调设备、音响设备等，要对这些设备进行认真、仔细的检查，避免发生意外事故，避免因设备故障干扰宴会活动的正常开展，给宾客带来麻烦和不便。

（1）照明设备的检查。宴会开始前，要认真检查各种灯具是否完好，电线有无破损，插座、电源有无漏电现象，要将开关逐一开启检查，保证宴会安全用电，确保灯具照明效果良好。

（2）空调设备检查。宴会开始前要检查空调机是否运转良好，并要求开宴前半小时宴会厅内就应该达到所需温度，宴会厅大则空调设备开启的时间也应相应提前，并始终保持宴会厅内有比较稳定的适宜温度。

（3）音响设备检查。多功能宴会厅一般都配备音响设备，在宴会开始前要装好扩音器，并调整好音量，同时逐个试音，保证音质，如用有线设备，应将电线放置在地毯下面。

（4）其他设施检查。宴会开始前应认真检查宴会厅内各种设施的安排，是否放置或安装得当，是否完好便于使用。

五、宴会现场指挥管理计划

宴会进行过程中，经常会出现一些在计划中无法预见的新情况、新问题，且这些新情况、新问题又必须及时予以解决，因此，加强宴会现场指挥管理十分重要。

宴会现场指挥一般由餐饮部经理或宴会部经理执行，规模比较小的宴会也可以由主管执行。现场控制指挥的重点主要有以下几方面。

1. 协调

规模较大的宴会，服务员也比较多，每一位服务员首先要按要求、按程序完成自己的任务，如果出现未曾明确分工的工作，又需要服务员与服务员之间配合，就需要现场指挥及时协调。如果协调不力，会导致某一个环节出现问题、引发矛盾，严重的甚至导致整个宴会的失败。

2. 决策

宴会开始以后，所有宴会服务员进入最紧张、最繁忙的时刻，这时又是各种突发性事件最容易发生的时候。一旦出现需要短时间内果断解决而又超出服务员服务权限的事件时，现场指挥就应该马上作出决定。例如，当宾客提出某道菜点有质量问题，需要更换或重新烹调时，由于涉及宴会整体，现场指挥必须迅速作出决定，将问题解决在萌芽状态或初始阶段。

3. 巡视

在规模较大的宴会中，现场指挥要想全面了解宴会厅的情况，及时发现问题，必须不停地在宴会厅各处巡视。巡视时要做到"腿要勤、眼要明、耳要聪、脑要思"。同时，巡视不是简单地走和看，要边巡视边指挥控制。

4. 监督

宴会开始以后，大多数服务员都按照事先制定的服务规程进行服务，同时也不排除少数服务员有简化或改变服务规程的做法，此时，现场指挥要对服务员的服务行为进行监督，统一服务标准，确保服务质量。

5. 纠错

服务员在服务过程中的一些不规范行为，要靠现场指挥进行纠错。纠错的方法有提醒、暗示、批评或用某种行为进行纠正等。因宴会过程中服务员正在进行服务，故要注意纠错的方式方法，切不可粗暴批评或长时间说教，以免影响正常服务。

6. 调控

宴会实施调控主要是对上菜速度、宴会节奏、厨房与餐厅关系等的调控，现场指挥需要注意的重点有以下三点。

（1）要了解宴会所需时间，以便安排各道菜的上菜间隔，控制宴会进程。

（2）要了解主办方讲话、致辞的开始时间，以决定上第一道菜的时间。

（3）要掌握不同菜点的制作时间，做好与厨房的协调工作，保证按顺序、有节奏地上菜。同时，注意主宾席与其他席面的进展情况，防止上菜过快或过慢，影响宴会进展、用餐和气氛。

六、宴会结束工作计划

宴会结束后，要认真做好收尾工作，力争每一次宴会都圆满结束。做好宴会的收尾工作，应重点做好以下几点。

1. 结账工作

宴会后的结账工作是宴会收尾的重要工作之一，结账要做到准确、及时，如果发生差错，多算会导致主办方的不满，影响企业的形象；少算则使企业受损失，相应地增加了宴会成本。因此，要认真做好以下工作，以确保结账正确无误。

（1）在宴会临近尾声时，宴会组织者应该让负责账务的服务员准备好宴会的账单。

（2）根据预算领取的酒水可能不够，也可能有剩余。如果剩余，则应将领取的酒水退回发货部门，在结算时减去退回的酒水费用。如果不够，则应将增加部分的酒水费用及时增补上去。

（3）各种费用在结算之前都要认真核对，不能缺项，不能算错金额。在宴会各种费用单据准备齐全后，经宴会经办人核对无误，在宴会结束后马上结账。

2. 征求意见，改正工作

每举办一次大型宴会，可以说都是对宴会组织者、服务员和厨师的一次历练。餐饮部经理或宴会部经理及设计人员在宴会结束后，应主动征询主办方对宴会的评价，征求意见可以是书面的，也可以是口头上的，通常从菜点方面、服务方面、宴会厅设计等几方面考虑。

如果宴会进行中出现了一些令人不愉快的情形，宴会结束后要主动再次向宾客道歉，求得宾客的谅解。如宾客对菜点的口味提出意见和建议，应虚心接受并及时转告厨师，以免下次宴会再出现类似问题。一般来说，宴会结束后要给宴会主办方发一封征求意见和表示感谢的信函，感谢其在本餐厅主办宴请活动，期待今后继续为其服务。

3. 整理餐厅，清洗餐具

大型宴会结束后，应立即督促服务员按照事先的分工，抓紧时间完成清台、清洗餐具、整理餐厅的工作。

4. 认真总结，做好宴会档案整理工作

宴会结束后，应及时召开总结大会，肯定成绩，找出问题，提出整改措施，表彰工作优异的部门和人员，以利于进一步提高宴会服务水平和服务质量。此外，要将整个宴会活动的计划及相关资料，如图片、影像资料、总结材料等作为档案材料存放，为今后的宴会工作提供借鉴和帮助。

七、宴会服务实施方案的编制步骤

宴会服务实施方案是根据宴会任务的目标要求编制的、用于指导和规范宴会服务活动的技术文件，是整个宴会实施方案的组成部分。其编制步骤如下。

第一步：充分了解宴会任务的性质和目标要求。

第二步：在充分掌握宴会各种信息的基础上，确立宴会服务任务的要求与各项工作的目标。

第三步：制订人员分工计划。

第四步：制订宴会场景布置计划。

第五步：制订宴会台型设计计划。

第六步：制定服务操作程序和服务规范。

第七步：制订各项物品使用计划，如计算好所需台布、酒具、餐具的种类、规格、数量等。

第八步：制订宴会运转过程的服务与督导计划及其他工作安排。

第九步：编制宴会服务实施方案。

八、宴会服务的组织实施步骤

第一步：统一宴会服务人员思想，让其熟悉宴会服务工作内容，熟悉宴会菜单内容。

第二步：落实人员分工，分解服务任务，明确工作职责和任务要求。例如，值台服务员要明白站立、走位、上菜、分菜、撤菜、服务位置、更换餐具、斟酒、迎客送客等服务内容，以及操作方法和操作标准；传菜服务员要知道传菜的时间、出菜顺序、装托盘、出菜行走等服务内容、操作方法和操作标准。

第三步：根据设计要求布置宴会厅，摆放宴会台型。

第四步：做好各种物品的准备工作。

第五步：做好餐桌摆台、工作台的餐具摆放和酒水摆放。

第六步：组织检查宴会开始前的各项服务准备工作。

第七步：加强宴会运转过程中的现场指挥和督导。

第八步：做好宴会结束后的各项工作。

菜肴制作与装饰

✔ 课程 7-1　创新菜的制作与开发
✔ 课程 7-2　主题性展台的设计和美化装饰

课程 7-1　创新菜的制作与开发

■ 学习单元 1　菜肴创新概述

　　菜肴创新是餐饮企业经营策略中的一个重要内容，也是企业竞争的热点，更是企业可持续发展的动力。随着人民生活水平的不断提高，人们对饮食的要求也越来越高，加之饮食观念与消费能力的转变，顾客对菜肴的审美能力、鉴赏能力和辨别能力迅速提高，餐饮经营面临挑战。如何变被动服务为引导消费，如何创造出真正符合时代需求的新菜肴，是目前餐饮工作者面临的共同问题。菜肴只有在继承中创新，在创新中提高，才能跟上时代的发展，更好地为广大顾客服务，从而为企业创造更大效益。

一、菜肴创新的定义

　　菜肴创新是在已有生产经营品种的基础上，研究、生产出富有一定新意的菜肴的过程。近年来，餐饮工作者为菜肴的创新做了大量工作。有的洋为中用、有的古为今用，出现了一大批让人耳目一新的特色菜肴，获得了良好的经济效益和社会效益。但也有刻意创新、盲目求奇、华而不实的现象，使菜肴创新走入了误区。

　　要成为真正意义上的创新菜必须具备两个条件：第一必须是"新"，就是用新原料、新方法、新调味、新组合、新工艺制作的特色新菜肴；第二要突出能"用"，创新菜肴必须具有食用性、可操作性和市场延续性。在界定是否是"创新菜"时一定要将这两个条件结合起来，只具有其中一个条件不是真正意义上的创新菜，甚至会将创新菜带入误区。有的只注重"新"而忽视"用"，在制作工艺上不计算时间，在组配上不注重营养，在选料上不计较成本，在餐具上不讲究卫生，在装饰上不考虑面积，等等。有的只注重"用"而忽视了"新"，如菜肴不变餐具变、内容不变名称变等，这都不属于创新的范畴。

　　菜肴创新是餐饮企业发展的基础，同经济社会的发展是紧密相连的，创新有明显的时代特征。同时创新菜还有明显的区域特征，它与地方的物产、风味、习俗密切相关。要想准确把握创新菜的界定，首先应对创新菜的整体概念和内容有一个正确的理解，从宏观上为创新菜划出一个范围。

二、菜肴创新的原则

　　在菜肴创新过程中，除在原料、调料、调味手段以及名、形、味、器等方面要有突破外，同时也要注意营养的合理性，使菜肴更具有科学性和可食用性。菜肴创新有以下几方面原则。

1. 食用为先

　　创新菜首先应具有可食用的特性，这是菜肴的核心要素。只有让顾客感到好吃，有食用价值，而且越吃越想吃的菜，才会有生命力。不论什么菜，从选料、组配到烹制的整个过程，都要考虑做好后的可食性程度，应以适应顾客的口味为宗旨。有的创新菜分量很少，根本无法分食；有的创新菜外观很好看，但没有食用价值；有的创新菜用料珍贵，价格不菲，但口味不佳。如果设计的创新菜没有人喜欢吃，就失去了存在的意义。

2. 注重营养

　　对于菜肴创新而言，营养卫生是应该首先考虑的，这是新时代的餐饮理念。一道菜肴仅仅是好吃而对健康无益，是没有生命力的。在设计创新菜时，应充分利用营养配餐的知识，在确保美味好吃的前提下做到营养合理，把健康作为吸引顾客的特点之一。

3. 关注市场

　　在菜肴创新的酝酿、研制阶段，首先要考虑餐饮市场目标顾客比较感兴趣的菜肴。不论是仿古菜或是乡土菜、传统菜或是民间菜，都要符合现代人的饮食需求。其次要准确分析，预测未来饮食潮流及菜肴的消费走向，要时刻研究顾客的价值观念、消费观念的变化趋势，在此基础上去设计、创造，引导消费。

4. 适应大众

大众消费是餐饮市场的主流，创新菜的推出要适应广大顾客的需求，坚持以大众化原料为基础。过于高档的菜肴，由于食用者较少而不具有普遍性。所以，创新菜要立足于一些价廉物美、广大顾客能够接受的易取原料，通过在家常风味、大众菜肴上开辟新思路，创制出一系列美味佳肴。

5. 易于操作

创新菜肴的工艺过程应力求简易、快捷，尽量减少工时耗费。一方面，原料经过过于繁复的工序、长时间的手工处理或加热处理后，营养成分将大打折扣。另一方面，一些工艺复杂的菜肴，由于与现代社会节奏不相适应，已被人们遗弃或经改良后逐步简化。另外，从经营的角度来看，过于繁复的工序也不适应现代经营的需要，费工费时，得不偿失，满足不了顾客时效性的要求。所以，创新菜肴的制作，一定要考虑简易省时，这样才能提高生产的效率。

6. 反对浮躁

近几年来，餐饮行业出现了不少构思独特、味美形好的创新佳肴，但也会有一些菜肴暴露出制作者的浮躁、虚夸，特别是不遵循烹饪规律、违背烹调原理的现象普遍存在，如把炒好的热菜放在冰凉的琼脂冻上；还有的是把功夫和精力放在菜肴的装饰和包装上，而不在菜肴工艺上下苦功钻研，如一道叫"五彩鱼米"的菜肴，没有在"鱼米"上下功夫，却把主要精力放在"小猫钓鱼"的雕刻上。

7. 引导消费

菜肴的创新是经营的需要，创新菜必须与企业经营结合起来。所以，我们衡量一道创新菜是否成功，主要看其点菜率，以及顾客食用后的满意程度。如果创新的菜肴做到了尽量降低成本，减少不必要的浪费，同时又通过合理的售价来吸引顾客，就可以提高企业的经济效益；相反，如果一道创新菜成本很高，卖价很贵，而绝大多数的顾客对此没有需求，它的价值就不能实现。

三、菜肴创新的要求

1. 符合绿色餐饮的要求

首先，制作菜肴使用的烹饪原料，应拒绝使用属于国家保护的野生动、植物。其次，在菜肴创新时必须根据原料的性状、营养价值、食疗功效等因素来开发利用原料，充分发挥原料应有的作用，达到物尽其用的目的。如鲜嫩芹菜叶可制作凉菜芹叶香干，大型淡水鱼的鳞片可制作鱼鳞冻等菜肴，从而达到绿色餐饮的标准，既充分利用资源，又保护生态环境，有益于顾客身体健康。

2. 符合平衡膳食的健康要求

创作新菜肴时可以参考《中国居民膳食指南（2016）》，根据国民健康的饮食要求来设计。在具体的设计过程中，一要重视原料的合理搭配；二要选用科学合理的烹调方法；三要正确地掌握调味品的使用方法，避免加热时间过长而产生有害成分，影响人体健康。把握好上述三方面因素，才能使创新的菜肴更有利于顾客身体健康。

3. 符合经济实惠的大众化要求

菜肴创新不能局限于形态优美、色泽鲜艳、精美绝伦的宴会菜肴，更要立足于经济实惠的大众菜，如家常菜、乡土菜、农家菜等。利用价格实惠、地方风味浓郁和适应面广的特点来吸引、满足不同层次顾客的需求，如新杭州名菜中有椒盐乳鸽、竹叶仔排、稻草鸭、砂锅鱼头王、蒜香蛏鳝、开洋冻豆腐、笋干老鸭煲、钱江肉丝等菜肴，均属于经济实惠的大众菜，深受广大顾客欢迎。

4. 符合制作简捷、上菜快速的要求

创新菜不是"艺术品"，不能花大量时间精雕细刻来完成。应立足于制作快捷、滋味鲜美、小巧雅致、地方特色浓郁、大众化原料为主和事先可以预制的菜肴，从而保证企业正常经营，保证上菜的速度，尽最大可能满足现代顾客快节奏生活的要求，如制作简单快捷的浪花天香鱼、家乡烧菊鱼及可以提前预制的笋干扣肉塔等菜肴。

5. 符合顾客饮食爱好和追求新奇的特殊要求

首先，菜肴创新必须考虑到顾客的习惯、爱好和季节变化等因素，设计出符合当

地顾客喜好的菜肴，如绍兴地区霉干菜系列菜点（干菜蒸河虾、干菜焖肉和干菜烤仔排）、杭州地区笋类系列菜点（蟹粉炒冬笋、南肉春笋、火蒙鞭笋和糟烩鞭笋）和宁波地区雪里蕻咸菜系列菜点（雪菜烩墨鱼蛋、雪菜海鲜卷、雪菜大汤黄鱼和雪菜素包）。其次，随着人民生活水平的逐步提高，顾客对菜肴的要求也越来越高，传统菜肴已不能满足广大顾客的需要。需要不断引进新原料、新工艺、新品种和新口味，并通过创新实现新、奇、特的效果，来满足广大顾客追求新奇的心理，如花卉菜肴、茶叶菜肴、桑拿菜肴、火焰菜肴等。

6. 符合顾客承受能力

目前，经各类烹饪大赛或菜肴评比获奖的菜肴有很多，但被广大顾客真正接受的、可以在餐饮企业供应的却不多，这是因为某些菜肴的制作工艺过于复杂，无法推广。更为重要的是这些菜肴价格普遍过高，广大消费者难以承受。因此，在菜肴设计时必须重视顾客的承受能力，合理搭配菜肴主料、辅料、调料，降低菜肴成本，使菜肴的价格更能接近顾客的承受能力。如果忽视了顾客的承受能力，再好的创新菜肴也只是一种宣传，失去了菜肴创新的真正目的，即为顾客服务，并为企业创造利润。

■ 学习单元 2　菜肴创新方法的特点与运用

在当今竞争激烈的餐饮市场中，烹调技能只是基础，菜肴创新才是中式烹调师职业生命得以"强化"和"长寿"的根本。而评价一个菜肴创新是否成功的标准就是看菜肴是否受到顾客欢迎，是否能够创造出经济效益。

一、利用新工艺创新菜肴

利用新工艺就是运用新的烹调方法、组配方法、造型方法制作新颖的菜肴。首先，烹调方法的创新可有三种表现形式。一是挖掘整理传统的烹调方法，将其运用到现代菜肴制作中，如古代石烙法、酒蒸法、灰埋法等的运用。二是将运用新科技开发的加热工具运用到现代菜肴制作中，如真空低温烹调法、微波烹调法、蒸炸烤混合烹调法等的运用。三是通过变换目前已有菜肴的烹调方法，使之成为新的菜肴品种，如传统的清炖狮子头可改成香煎狮子头，红烧臭鳜鱼可改成葱烤臭鳜鱼等。

在组配方法的创新中有多种变化形式，突出表现为组配手法上的变化，这是工艺创新的重要形式。如包卷类菜肴，其外皮可以是蛋皮、糯米纸、豆腐皮、荷叶、网油、瓜皮、鱼片、鸡片等任一种，馅料可以是鸡肉粒、鸭肉片、猪肉条、牛肉末、蔬菜丝、菌菇丁、虾仁泥、鱼肉茸等，成熟的方法可以是蒸、炸、煎、烧等，将它们排列组合可以形成丰富的菜肴品种。此外如调糊工艺等，可以改变调糊的原料及比例，结合主料的变化来制作新菜肴。

在造型方法上也有相当大的创新空间，其创新的表现形式主要是菜肴外观的变化，采用的方法中刀工处理较多，如鱼肉类可加工成车轮、麻花、灯笼等造型。

1. 真空低温烹调法创新菜肴及实例

真空低温烹调法是先采用真空密封机将烹饪原料用抽真空的办法包装，或用保鲜膜密实包装，然后放入恒温式低温烹调机中，以 65 ℃左右的低温（不同的食物所用的温度和时间有所不同）烹制食物的方法。

在煎、煮、炒、炸等传统烹调方式中，有时会出现食材内外成熟度不均匀的问题。而真空低温烹调法就能改变这一状况，将食材放进耐热真空袋，再使用精准控温的低温烹调机，就能兼顾食材熟度与柔嫩度。

真空低温烹调法的原理是烹饪原料在一个温度范围内，可以达到理想的熟度，并保持里外一致的质地，用来烹调肉类原料最为适合。关键在于利用真空状态将烹饪原料密封，再以低于沸点的温度进行长时间烹煮，烹调温度通常为 50～75 ℃，烹饪原料能均匀稳定加热，原料中心与外表受热一致。

不同种类肉品烹调差异主要在于温度。鱼肉类食材如鲑鱼，其主要成分为蛋白质，并在 62 ℃时开始凝固，当温度超过 68 ℃时，肉质细胞内水分渗透导致肉质干硬变涩。但在真空低温烹调的环境下，密封真空包内的温度受到完全控制，使鱼肉均匀受热且水分无处流失。此外，使用此法，可以通过调整温度及烹调时间使牛肉达到期望的熟度。鸡肉、猪肉等则因为食品安全的关系，最低须设定 75 ℃才能将肉品完全杀菌。

在厨师有大量备餐需求时，可利用此法将肉类食材预制为半成品，实际烹调时只需将肉品简单煎烤、上色即可完成，大幅节省烹煮时间。同时，真空低温烹调法能减少厨房油烟，符合现代健康厨房的理念。

【实例　西冷牛排】

（1）原料组成

主料：西冷牛排 200 g。

配料：土豆 80 g、胡萝卜 1 个、西蓝花 2 小朵。

调料、辅料：精盐、黑胡椒粉、橄榄油、黑椒汁（黑胡椒碎 10 g、干葱碎 25 g、蒜蓉 25 g、牛油 30 g、布朗少司 250 g、白兰地酒适量）各适量。

（2）制作过程

1）将西冷牛排根据菜肴要求刀工处理后，用适量精盐、黑胡椒粉等调味品调味。

2）将完成预处理的西冷牛排分别装入密封袋中。

3）用真空包装机进行装袋密封。

4）将完成包装的西冷牛排放入低温烹调机，设定加热温度为59.5 ℃，加热时间为 45 分钟。

5）取出西冷牛排浸入冰水中 1 分钟，除去密封袋。

6）平锅中加少量橄榄油，烧热后将牛排两面煎上色，取出放入盘中送进烤箱烘烤 3 分钟。

7）将汁煲烧热后放入黑胡椒碎炒香，加入白兰地酒和牛油略炒后再加入干葱碎和蒜蓉一起炒香，最后加入布朗少司煮 5 至 6 分钟后加入少量牛油即成黑椒汁。

8）将土豆、胡萝卜削成橄榄形，西蓝花焯水，放入锅中加橄榄油、精盐煎炒成熟。

9）将烤制好的牛排摆盘，淋上黑椒汁，配上蔬菜即可上桌。

2. 微波烹调法创新菜肴及实例

微波烹调的原理简单说是：食品中总是含有一定量的水分，而水是由极性分子组成的，当微波辐射到食品上时，这种极性分子的取向将随微波场而变动，极性分子的这种运动以及相邻分子间的相互作用，产生了类似摩擦的现象，使水温升高。因此，食品的温度也就上升了。用微波加热的食品，因其内部也同时被加热，使食品受热均匀，升温速度也快。

由于微波烹调的速度很快，所以能较好地保存一些对热敏感和水溶性的维生素，如维生素 B 和 C，矿物质和氨基酸的保存率也比其他烹调方法高。

微波烹调是一种快速的烹调方法，加热时热产生在食品内部，所以加热均匀，不需翻炒，也不会使食物中的水分蒸发过多，因此能保持食物的原色原味。

【实例　香辣鸡丁】

（1）原料组成

主料：鸡腿肉 200 g。

配料：青、红辣椒各 1 个，鸡蛋清 1 个。

调料、辅料：蒜末、葱末、白糖、绍兴酒、淀粉、精盐、胡椒粉、色拉油各适量。

（2）制作过程

1）将鸡腿肉切丁，放入大碗中，加入鸡蛋清、精盐、绍兴酒、淀粉、胡椒粉拌匀；青、红辣椒切片。

2）盛器中加入色拉油、蒜末、葱末，放入微波炉高火加热 1.5 分钟；取出后加入鸡丁，放入微波炉加盖高火加热 2 分钟。

3）再取出后加入青、红辣椒，精盐，白糖拌匀。加盖继续放入微波炉高火加热 3 分钟即可上桌。

二、利用新组合创新菜肴

利用新组合就是运用新的菜肴组合方法，如中西组合、菜系组合、菜点组合、古今结合等合理的工艺组合制作新颖的菜肴，可以为菜肴创新提供很大的发展空间。但在进行组合的过程中，必须保持菜肴原有的优良特色，不能因为追求创新而失去原有的、传统的风味。如中西结合的前提是"洋为中用"，是运用西餐中先进的烹调技法、调辅料来丰富中餐菜肴，但仍要保持中餐的基本特色，如果所制作的菜肴以西餐特色为主而掩盖了中餐工艺特色，那就不是创新的方向了。古今结合更要古为今用，要去其糟粕、取其精华，创制的菜肴要符合现代人的消费需求和饮食习惯。

1. 菜点结合新工艺创新菜肴及实例

菜肴和点心制作虽然属于不同的工艺范畴，但有许多相通的地方，如点心的馅心制作与菜肴的炒、烩方法是基本一致的，点心的成熟方法与菜肴的成熟方法也是基本相同的。但长期以来这两种工艺在实际操作的过程中都是截然分开的，没有进行充分的互补和融合。把菜肴与点心的工艺相互融合、各取所长，是菜肴或点心创新的重要手段之一。

【实例　酥皮明虾卷】

（1）原料组成

主料：大明虾 10 只、平酥皮 500 g。

配料：松子仁 30 g、火腿 30 g、葱 30 g、冬笋条 80 g、蛋黄 1 个、细面条 50 g、香菜 50 g。

调料、辅料：绍兴酒 10 g、精盐 5 g、胡椒粉 5 g、味精 5 g、糖粉 30 g、芝麻油 15 g、辣酱油 10 g、番茄沙司 50 g、食用油适量。

（2）制作过程

1）明虾去头、去壳、留尾，从背部切开，去肠洗净，剞十字花刀。用绍兴酒、精盐、胡椒粉、味精、辣酱油腌制，待用。

2）松子仁用油炸脆切成末，火腿、葱切成末，加味精、芝麻油拌匀成馅。

3）把馅料铺在切开明虾的刀口中间，然后塞进冬笋条合拢。

4）平酥皮切成宽 1.5 cm、长 9 cm 的油酥条，从虾尾部绕起，直绕到头部，收口处用蛋黄粘住，入热油中炸熟。

5）细面条入油中炸熟，拌上糖粉，放在盆中堆起，将明虾围在四周，用少许香菜间隔，配番茄沙司味碟一起上席。

2. 菜系结合新工艺创新菜肴及实例

菜系是区域特色的一种体现，从菜系可以看出某区域的菜肴风格和特色，如口味、原料、刀工等都有明显的区域性。但菜系与菜系之间并不会因此而存在明显的界限，菜肴的成熟工艺在各菜系中是基本一致的，菜肴的组配工艺在各菜系中也是基本相似的。特别是如今菜系之间的交流日趋频繁，菜系的融合、互补已是菜系发展的必然趋势。

【实例　鱼香鳗鱼球】

（1）原料组成

主料：鳗鱼 1 000 g。

配料：鸡蛋 1 个。

调料、辅料：绍兴酒 15 g、精盐 8 g、味精 5 g、淀粉 15 g、葱 10 g、姜 10 g、蒜 25 g、泡辣椒 20 g、高汤 30 g、糖 15 g、酱油 10 g、辣油 25 g、醋 5 g、花椒 5 g、芝麻油 20 g、食用油适量。

（2）制作过程

1）将鳗鱼宰杀，用热水烫去黏液，开成鳗背。用刀在肉面剞上十字花刀，并切成宽 3 cm、长 4 cm 的鳗鱼球生坯，加绍兴酒、精盐、味精、鸡蛋、水淀粉上浆待用。

2）姜、泡辣椒、蒜、醋、高汤、糖、花椒、酱油、辣油、水淀粉一起调成鱼香兑汁芡。鳗鱼球拍上淀粉。

3）锅中加油，待油温达 150 ℃时，下鳗鱼球炸熟捞起，待油温再次升高后，复炸至脆。

　　4）另起锅，将葱、姜、蒜下锅煸出香味，加入兑好的芡汁，下鳗鱼球翻炒均匀，收紧芡汁，淋上芝麻油，装盘。

三、利用新原料创新菜肴

　　中国南北东西地域饮食交流迅速发展，中国烹饪界与世界进一步接轨，一大批新的烹饪原料源源不断地涌入市场，如蟹柳、人造鱼翅、夏威夷果、加拿大象拔蚌等。中式烹调师要了解和熟悉新的烹饪原料，在借鉴传统烹饪技法的基础上，创制出新的菜肴。

　　所谓新原料就是在某一地区尚未被开发利用的烹饪原料，它既可以是当地产的原料，也可以是新培育的原料，还可以是外部引进的原料，但必须未被列入国家动植物保护名录，而且对人体无毒无害。所以在选择新原料时必须对相关法律法规有所了解，同时，还要对原料中是否使用合成色素、防腐剂、增色剂、涨发剂、漂白剂以及原料的安全性（如河豚）进行审视。在使用新原料时要对原料的口味、质感、功能有所了解，以便采用合适的调味方法和组配方法，确保新菜肴的风味和质量。

1. 运用国外特色原料创新菜肴及实例

　　在烹饪原料的使用方面，自古以来，我国就从国外引进了许多原料。从汉代开始，我国就陆续引进栽培植物，从胡瓜、胡葱，到后来的胡萝卜、南瓜、黄瓜等。这些引进的"番货"和"洋货"，在神州大地生了根，变成了"土货"。改革开放以后，由于交通运输更加便利，加上国际化的趋势，我国从外国引进的食品原料更加丰富多彩，植物性原料有荷兰豆、荷兰芹、樱桃番茄、樱桃萝卜、夏威夷果、彩椒、生菜、朝鲜蓟、紫菜头、苦苣等，动物性原料有澳洲龙虾、象拔蚌、皇帝蟹等，为我国烹饪原料增添了新的品种。厨师利用这些原料，洋为中用，大显身手，不断开发和创作出许多适合中国人口味的新菜肴。

【实例　鹅肝扒豆腐】

（1）原料组成

主料：豆腐 800 g、熟鹅肝 250 g。

配料：干贝 50 g、虾仁 50 g。

调料、辅料：葱 10 g、姜 10 g、绍兴酒 20 g、精盐 6 g、酱油 8 g、蚝油 5 g、鲍汁 10 g、淀粉 50 g、色拉油 50 g、高汤 500 g、芝麻油 10 g。

（2）制作过程

1）豆腐切成长方块，中间用圆形模具刻出圆孔。

2）鹅肝用圆形模具修成圆形，镶在豆腐中间，将葱、姜、绍兴酒、精盐抹在豆腐上稍腌制一会儿，然后拍上淀粉，放入油锅中煎制，待两面金黄时即可出锅。

3）锅中加高汤、酱油、蚝油、鲍汁烧开，放入豆腐、干贝、虾仁，用小火加热使之入味，再用大火收浓汤汁，淋芝麻油出锅。

2. 运用国内新原料创新菜肴及实例

近几年来，许多特色原料已进入厨房。比如，过去经济困难时期老百姓食用的菜肴如山芋藤、南瓜花等，现在已经成为许多大酒店的特色菜肴。特别是有些过去因加工方法落后而处理不了的原料，现在也开始被尝试使用，并得到许多顾客的认可和喜爱。

【实例　海星草鳜鱼丝】

（1）原料组成

主料：鳜鱼600 g。

配料：海星草50 g、蛋清1个。

调料、辅料：精盐8 g、绍兴酒5 g、味精5 g、葱10 g、姜10 g、红辣椒20 g、淀粉15 g、高汤30 g、食用油适量。

（2）制作过程

1）海星草洗净，切成丝。鳜鱼取净肉切成丝，用清水浸泡后加精盐、味精、蛋清、淀粉上浆。葱、姜、红辣椒切成丝。

2）锅中加油烧热，将鱼丝滑油，成熟后捞出沥油，锅中放葱、姜、红辣椒煸香，放入海星草煸炒，倒入鱼丝，加入用精盐、绍兴酒、味精、高汤、水淀粉调好的芡汁，翻炒均匀后出锅装盘。

四、利用新调味创新菜肴

运用合理的调味手法将原料调制出新味型的菜肴属于调味创新。界定菜肴是否属于调味创新，主要看菜肴是否产生新的味型。调味原料、调味手法是过程，新味型是结果，只用新原料或新手法，如果不能产生新味型，仍然不属于调味创新。

近年来调味品生产技术发展迅速，调味原料十分丰富，特别是国外许多调味品在中餐中被广泛应用，国内调味品品种也在不断增加，但归纳起来可分为两大类。一类是对现有的味型进行复合，将分次投料变为一次投料，这虽然给调味带来了很大的方便，也使调味更准确，但不属于创新的范畴，如麻婆调料、鱼香调料、鲍汁、浓鸡汤、清鸡汤等。另一类是新的单一或复合调味原料，经过调配后产生明显变化的新味型，这才属于创新。如糖醋味型，将蔗糖换成片糖，或将香醋换成白醋，尽管原料有所变化，但味型并没有明显的变化，故不属于创新。另外，菜肴成熟后，在旁边直接放入一种未经任何调配的新调料，虽然有新的味型产生，但这种新味型并没有经过厨师的调配，所以也不属于创新的范畴，如油炸的菜肴在盘边或调味碟中放上鱼肝酱、鸡酱、黄酱汁等，不属于创新。

1. 运用新开发的调味品创新菜肴及实例

国内调味品生产开发的速度很快，除复合型的新调味品不断出现外，还有许多专用的调味品也相继出现，如浓汤、清汤、鲍鱼汁、麻婆豆腐料等，这既给烹饪带来了方便，也为菜肴创新提供了物质基础。

【实例　甜辣鱼花】

（1）原料组成

主料：草鱼 1 500 g。

调料、辅料：精盐 3 g、绍兴酒 10 g、姜汁水 15 g、白糖 100 g、甜辣酱 150 g、醋 5 g、淀粉 15 g、淀粉 150 g、蒜泥 25 g、姜末 10 g、色拉油 1 500 g（约耗 60 g）、味精适量。

（2）制作过程

1）将草鱼宰杀洗净，取两片鱼肉切成边长为 4 cm 的鱼块（共 10块），皮朝下，用直刀剞成十字花刀，放在碗内加入味精、绍兴酒、精盐、姜汁水拌匀，腌制 10 分钟。然后取出鱼块，拍上淀粉待用。

2）取小碗一只，放入白糖、甜辣酱、醋和湿淀粉，调成芡汁。

3）将炒锅置旺火上，舀入色拉油烧至 200 ℃时，将鱼块抖去余粉入锅，炸至淡黄色时逐块翻身至成熟，起锅装盘。

4）炒锅内留底油，回置火上，放入姜末、蒜泥，煸出香味，倒入芡汁，烧沸后，淋上热油浇在鱼块上。

2. 改变传统调味配比创新菜肴及实例

这种方法是在传统味型的基础上改进形成的，具体可根据菜肴原料的特色灵活调整，有的是在原味型的基础上添加了一些新的调味料，如沙咖牛腩是在咖喱牛腩的基础上添加了沙茶酱后形成的；有的是改变了原来味型的调料品种，如茄汁，原来用的是番茄酱，现在可用浓橙汁、甜辣酱等调味品替代，提升了原有味型的风味特色。

【实例　沙咖牛腩】

（1）原料组成

主料：牛腩 100 g。

配料：笋肉 150 g。

调料、辅料：葱 25 g、姜 30 g、咖喱汁 25 g、精盐 6 g、冰糖 100 g、八角 15 g、沙茶酱 35 g、食用油适量、料酒适量。

（2）制作过程

1）牛腩切成块，放入冷水锅中加热焯水后洗净。笋肉切成块，也用冷水加热焯水。

2）锅中放入油烧热，下葱、姜煸香，倒入牛肉块煸炒，加水、料酒、咖喱汁、精盐、冰糖、八角等调料，用大火烧开。

3）锅中原料盛出倒入砂锅中，用小火慢炖 1～1.5 小时后加入笋块，然后加入沙茶酱调匀，再加热 20 分钟。

课程 7-2　主题性展台的设计和美化装饰

■ 学习单元 1　主题性展台的设计

　　主题性展台设计不仅是一门综合性艺术，而且功能性和可操作性很强，是一项系统工程。这一设计绝不是简简单单的拼凑所能完成的，为了保持其功能设计的完整性、连续性和形式的多样化、风格的统一性，在主题性展台设计的初期就必须明确主题和风格，这在大型主题性展台设计过程中尤为重要，既要做到内容丰富，又要做到左右照顾、前后呼应、主题明确。

一、主题性展台概述

　　主题性展台是以一定的地方文化、饮食风俗、风味流派为背景，利用多种菜点及装饰材料，为特定的展会设计制作的展台，主要用于展示和交流这类商务活动。

1. 主题性展台的特点

　　（1）主题突出、整体统一。主题性展台都是围绕某一个鲜明主题设计的，因此，在设计主题性展台时首先要突出主题的内涵。例如，以清荷宴为主题的展台，其中的主雕应为"荷花仙子"或艺术冷拼"荷塘月色"，组配的菜点应用荷花生长环境中的各种特色水产品原料制作而成，通过江南水乡"荷塘"的韵味来展示主题。可见通过精妙的构思和合理的布置，展台的主题应一览无余、非常突出，且整体协调一致、和谐统一。

　　（2）造型别致、艺术性高。主题性展台所有组配的菜点品种都是紧紧围绕展台的主题而设计、制作的。因此，主题性展台的菜点品种在制作过程中，无论是主料、配料及调味品的使用，还是调味手段的选择、火候的把握与控制等都不需要太过严格的把握，相对更为重要的是主题性展台的所有展示作品本身，无论是其名称、色泽，还是装盘形式（主要是指艺术造型形式）都要与展台的主题相吻合。所以，主题性展台的所有组配菜点在制作过程中，是否遵循烹饪工艺制作的基本规律，是否体现烹饪工艺口味、口感要求并不十分重要，重要的是这些组配菜点本身是否具有较好的艺术性，给人以美的艺术享受。

（3）设计新颖、观赏性强。主题性展台设计的所有组配菜点不是为了让顾客直接食用或品尝的，真正的目的是充分展示餐饮企业及厨师的烹饪技艺水平与艺术素养等，所以在制作过程中更要精工细作、精雕细刻，以实现整个展台的完美效果。因此，主题性展台不仅要有秀雅精美的特点，还应体现新颖别致的效果。

同时，为了能尽量延长主题性展台展示的时间，让更多的顾客欣赏到展台的美，组配菜点在制作过程中经常选用一些不可食用的替代物品。所以，有些组配菜点本身就不能食用，有的组配菜点虽然从理论上讲可以食用，但为了突出感观效果，在调味上会进行特殊的处理。所以说，主题性展台大多的组配菜点是不能食用的，强调"好看"，通过强烈的视觉冲击感来体现其很强的观赏性。

2. 主题性展台的作用

（1）为企业造势，扩大社会影响。餐饮企业展示主题性展台，一般都放置在顾客进出必须经过或容易看到的地方，如酒店门口、大堂、大餐厅入口、大餐厅中央或酒店入口大通道的两侧等位置。由于主题性展台有较强的艺术性和观赏性，在展示过程中必然会吸引众多顾客，华丽、精致的菜点作品会让人们驻足观赏，这必将扩大企业在社会上的影响力。

（2）宣传企业文化，树立企业品牌。近年来，许多餐饮企业经营管理者已经非常清楚地认识到"拥有市场的唯一途径就是具有有竞争力的品牌，谁拥有品牌，谁就拥有市场，拥有竞争力"这一道理。于是，越来越多的餐饮企业都把主题性展台作为企业文化的载体向社会大力宣传，把主题性展台看作树立和展示企业品牌的平台。当人们在主题性展台面前驻足观赏之际，也就是他们在欣赏该企业文化之时，同时也是人们对该企业特色菜点进行观赏、比较与鉴定的时候，更是特色菜点被人接纳、企业树立品牌的良好时机。

（3）彰显烹饪技艺，展示菜点作品。主题性展台的所有组配菜点的制作，都体现了一定的烹饪技艺，组配菜点质量的优劣标志着企业烹饪技艺水平的高低，无论是刀功、切配水平，还是火候、调味的掌握情况，以及技术水平的高低都是一目了然的。

由于主题性展台的所有组配菜点有足够的时间让观众细细地"品头论足",所有的餐饮企业都会组织企业的"精兵强将"对组配菜点进行精心制作。

（4）体现台面艺术，提升员工素养。从主题性展台组配菜点的制作方法、餐具的选择、装盘的造型、色彩的搭配、点缀的形式等，到整个主题性展台的摆放构思、布局式样、菜点之间的组合方法、台布色彩的选择、灯光的运用等，无不包含着艺术性。一个精美的主题性展台，其所有组配菜点之间应层次分明、错落有致、协调和谐，给人以美的享受；反之，则会让人有杂乱无章、生硬拼凑的感觉。由此可见，一个主题性展台足以体现一个餐饮企业员工的综合艺术素养。

（5）吸引消费人群，扩大消费市场。当听说某一餐饮企业在举办主题性展台时，有些人会顺便甚至特意赶来观赏一番，凑个热闹，尤其是当一些热爱美食的人在展台上看到自己平时没有见过或没有品尝过的菜肴时，自然会按捺不住跃跃欲试的心情，这无疑有利于吸引和引导消费。

（6）加强员工团结，提升合作精神。任何规模和形式的主题性展台，都需要本餐饮企业内部很多部门以及相当数量的员工共同参与和努力才能完成。制作主题性展台的所有组配菜点所需要的烹饪原料，以及搭建和装饰展台所需要的设备、器材等物品的购买和供给，得依靠采供部门；主题性展台上所展示的组配菜点的制作，需要厨房部分员工协同作业；展台中所需要的装饰性的物品（如灯光照明所需要的电灯、电线、灯架等设备器材），得依靠动力部或工程部协作；等等。主题性展台包含着极大的工作量，由于餐饮企业内部岗位的不同、分工的差异，光靠某个人或某个部门不可能独立完成整个主题性展台。因此，一个主题性展台的设计制作，需要多个部门、多位员工的团结和合作才能实现。

（7）增强员工荣誉感、提高员工自信。一个设计制作精美的主题性展台展出时肯定会吸引大量的顾客，当顾客给予高度评价和赞美时，也是对企业员工的艺术素养、烹饪技艺水平和团结合作精神等综合实力的承认和肯定，员工们会感到十分高兴和自豪。这无疑为企业员工增加了荣誉感和自信心，使得员工在今后的工作岗位上会更加投入、更加用心。

3. 主题性展台的设计步骤

（1）确定主题。确定主题是主题性展台设计的第一个操作步骤。犹如写一篇文章首先得有题目一样，不论设计制作何种形式的展台，都需要事先明确主题，如果主题不确定，后面的设计、制作都没有了方向，设计出来的展台就会杂乱无章。展台的主题一旦确定了，就有了设计方向和设计思路，制作流程也就可以确定了。

（2）选择场地（位置）。在确定展台的主题后，接下来的工作就是要根据餐饮企业实际情况，选择并确定摆放主题性展台的场地（位置）。由于主题性展台的布置和摆放需要相应的面积和空间，只有在掌握了布置和摆放主题性展台的场所（位置）有多大、多高、是什么形状等信息后，才能策划和构思展台的形状、大小、高低等，否则后面的一切工作都无法进行。

（3）巧妙构思。主题性展台设计是一种供人欣赏、展示菜点制作技艺，以及体现厨师及餐厅综合美学素养和团队组织能力的烹饪艺术。因此，主题性展台不仅要求主题突出、特色鲜明，同时还要具有强烈的艺术性、观赏性和感染力，使顾客在得到美的享受的同时，又能领略到菜点制作的精湛技艺。所以主题性展台的构思首先要在充分突出主题的前提下，立足于美的追求和表现，使菜点的题材、构图造型、色彩等能符合烘托主题的要求，从而达到主题、题材、造型、意境四者的高度和谐。构思的内容包括：

1）展台的形式——平面的还是立体的。

2）展台的形状——圆形还是方形的。

3）展台的大小——适宜的菜点摆放面积。

4）展台的高低——适合的观赏高度。

5）题材的选择——与主题相符合的菜点品种。

6）组配菜点的数量和大小——与展台的大小相协调的菜点品种数量（件数、道数），以及餐具大小、形状、数量、色彩等。

（4）菜点制作。在组配菜点的制作过程中，应首先根据构思内容有目的地选择原料，包括原料的品种、部位、大小、质地、色泽等，以符合菜点的制作要求，然后根据构思设计的要求进行加工制作，并对组配菜点进行适当的修饰点缀。

（5）组装成形。组装成形包括三个内容，第一是布置台位，就是根据构思，利用物件搭建展台；第二是将雕刻作品的多个配件进行组装并定位放置；第三是将组配菜点合理地定位放置。

（6）装饰点缀。装饰点缀是主题性展台设计的最后一个操作步骤，就是在组配菜点之间、层面与层面之间、展台的某个部位放置相应的花草或符合主题的修饰物品，有时为了充分展示展台的效果，还需有灯光、音乐等。

4. 主题性展台设计的注意事项

（1）要突出主题。主题性展台的设计应该围绕某一个明确而具体的主题展开。不论是菜点的命名，还是菜点品种的选择，不论是台面点缀或装饰用到的雕刻作品，还是其他物品，都要非常明显地突出展台的主题，否则也就不能称其为主题性展台。

（2）要选择合适的环境。主题性展台的摆放应选择合适的场所和场地，主题性展台的展示需要一定的空间。如果在一个面积很大、空间很高的大堂或大厅内摆放一个台面很小的主题性展台，就会显得不够气派和大方；反之，则显得拥挤和压抑。因此，在主题性展台设计时，其展台的高矮、大小一定要与主题性展台所摆放的场所、场地相适应、相协调。

（3）要确保题材与主题相吻合。主题性展台的所有组配菜点题材要与展台的主题相吻合，否则就会显得杂乱无章。如果展台是为了庆祝企业成立一周年而设计的，那么展台中大型的雕刻作品可以选用"龙"和"马"，配上体现本企业烹饪技艺水平的创新菜点及员工在各类烹饪比赛中的获奖菜点，同时再配以一年来顾客所喜爱的菜点。这样既体现了企业奋发图强、积极进取的"龙马精神"，也展示了企业一年来取得的成就和开拓创新的工作作风；同时，也表达了企业不忘老朋友、顾客至上的情怀。

如果展台是为了举办特色美食月、美食周或美食节而设计的，那么，大型的雕刻作品选用的题材可以是"花篮"或"迎客松"，再配以美食月、美食周或美食节期间即将推出的特色菜点及企业的特色招牌菜点等，这样既可展示新菜点，又能表达欢迎顾客光临的热情。可见，只有题材与主题相吻合，展台的主题才能得以充分的展现，主题才能明确而具体。

二、主题性展台的展示

1. 主题性展台的展示形式

（1）平面式。平面式展示形式就是主题性展台的台面设计是一个平面，组配菜点相互之间没有明显的高度差。因此，平面式较多地运用于台面较窄的小型主题性展台，如扁长形和回字形布局的展台。如果台面面积较大的展台也用这种形式的话，参观者就无法看清放置在展台中间位置的组配菜点，失去了观摩和欣赏的效果，也失去了菜点展示的意义，更无法体现主题性展台的价值。这种形式多运用于特色菜点的展示，一般没有大型食品雕刻的组合。

（2）立体式。

1）单层立体式。单层立体式展示形式就是主题性展台的台面为一个简单的立体造型，能体现展台主题的主要组配菜点比其他组配菜点明显要高，也就是说，主要菜点在展台上与其他组配菜点之间有明显的高度差。因此，主题性展台在采用单层立体式展示时，如果选用的是正方形、长方形或圆形的布局类型，其主要菜点往往放置在展台台面的中间，其他组配菜点由高到低依次向外放置；如果选用的是扁长形或回字形的布局类型，主要菜点则放置在展台台面的后面（即紧靠墙面或展台台面的内边缘），其他组配菜点由高到低依次向外放置。从正面看，整个主题性展台上的组配菜点呈一定的梯形结构排列，便于人们观赏。

2）多层梯形立体式。多层梯形立体式展示形式就是主题性展台由两层或两层以上台面组成，每个台面上再分别放置组配菜点，使整个主题性展台上的组配菜点自然形成一定的梯形结构。一般来说，在展台的最上层台面（最高层）放置主要的菜点，以此来达到突出展台主题的作用。

这种形式多用于占地面积相对较大的大型主题性展台，如正方形、长方形或圆形等布局类型，各层台面上放置的组配菜点之间有明显的高度差，层次分明，立体感较强。

另外，多层梯形立体式展台的台面层次较多，台面上放置的组配菜点的数量大、品种多，因此，整个主题性展台的内容非常丰富，具有较强的观赏性。当然，从制作角度而言，多层梯形立体式展示形式所需的工作量最大，难度也最高；从效果角度来说，多层梯形立体式展台规模最大，也最有观赏价值。

2. 主题性展台的布局类型

（1）正方形布局。正方形布局就是将主题性展台的台面摆放成正方形的一种布局类型。这种布局类型的主题性展台占地面积相对较大，适于设置在正方形的大堂或餐厅的中央，四周留有一定的空间以供顾客参观和行走，展台的形式宜采用单层立体式或多层梯形立体式。

由正方形布局而成的主题性展台，虽然四周都是观赏面，但一般以首先能进入顾客视线的一面为主面，也称为正面，左右两侧面为副面或侧面，主面对面为次面或背面。有时根据主题性展台所放置的场地的具体情况，展台的观赏面只有正面和侧面之分或正面和副正面之别。例如，布置在酒店大堂中间的主题性展台，迎大门的一面就是主面，也就是顾客从外面进入酒店大堂首先能看到的一面；主面对面则是副正面，因为从酒店里面出来的顾客首先看到的是这一面，左右两侧面则为侧面。又如，主题性展台布置在酒店大餐厅的中央，那么迎餐厅正大门的一面就是主面，其他三面都是副正面，因为就餐顾客从外面进入酒店大餐厅后可能会散坐在餐厅的各个餐桌，也就是说，餐厅里的各个餐桌都有可能有顾客在用餐，除了正对餐厅大门的一面以外，其他的三个方位无法区分主次或正副。正因如此，主题性展台上的组配菜点，在组合、放置的时候就要充分考虑这一因素，要把展台上组配菜点最有看点的一面朝正面，其他依照副正面、侧面、背面的顺序依次类推。

（2）长方形布局。长方形布局就是将主题性展台的台面摆放成长方形的一种布局类型。这种布局类型的主题性展台的占地面积也相对较大，适于设置在长方形的大堂或餐厅的中央，四周留有一定空间以供顾客参观和行走。如果展台长方形的宽度较大，其展台的形式宜采用立体式；如果长方形展台的宽度较小，其展台的形式则宜采用平面式。

（3）圆形布局。圆形布局就是将主题性展台的台面摆放成圆形的一种布局类型。这种布局类型的主题性展台的占地面积相对较小，适于设置在面积较小的大堂或餐厅的中央，四周留有一定的空间以供顾客参观和行走。由于这类展台的面积较小，为了增加展台的容量，其展台的形式宜采用多层梯形立体式。

（4）扁长形布局。扁长形布局就是将主题性展台的台面摆放成细长"一"字形的一种布局类型。这种布局类型的主题性展台的占地面积也相对较小。由于这种展台台面的宽度很小，成细长"一"字形，因此，它仅适于设置在面积较小的餐厅，如果展台设置在中间会影响其整体效果的话，则于餐厅正大门迎面的墙面或酒店的走廊靠墙设置。该布局只能从展台的一面观看，所以，只要在观看的一面留有一定的空间以供顾客参观和行走就可以了。这种布局类型的主题性展台，宜采用平面式或单层立体式的形式进行设置。

（5）"回"字形布局。"回"字形布局就是将主题性展台的台面摆放成"回"字形的一种布局类型。这种布局类型的主题性展台的占地面积较大，但实际上是由四个细长的"一"字形长台头尾相接而成，中间部分是空的。因此，这种展台较适于设置在面积较大且中间有立柱的餐厅或大堂，展台的台面围绕立柱而设，四周留有一定的空间以供顾客参观和行走。由于展台的台面较窄，且台面背部没有墙面，这种布局类型的主题性展台宜采用平面式的形式进行设置。

3. 主题性展台展示的注意事项

（1）要注意菜点的保鲜。展示的菜点在展台上放置的时间比较长，一般来说，少则一天，多则两三天，甚至更长，如果不采取保鲜措施，展示的菜点会很快因失去水分而干瘪、变形或色泽变暗、失去光泽，有的还会腐败变质产生异味，使菜点失去其原有的风味特色，因此，展示菜点的保鲜非常重要。

展示菜点的保鲜方法要根据具体的品种而定。如用果蔬原料制作的雕刻作品，可采用间隔喷水（洒水）的方法保鲜；冷盘作品可采用在其表面涂抹或刷一层较稀的琼脂液或明胶液的方法保鲜；热菜作品可采用在其芡汁或卤汁中加适量的琼脂或鱼胶的方法保鲜；容易腐败变质的热菜可使用替代原料（主要是菜点内部原料的替换）。这样既可以保护展示菜点中的水分，防止其干瘪、变形，又起到了隔离的作用，防止其变色或失去光泽等，从而能确保展示菜点在相对长的时间内保持新鲜如初的视觉效果。

（2）要注意展示菜点的朝向。任何一个组配菜点都有一个最佳的观赏角度，而主题性展台的主面是顾客最早看到的一面，也是看得最多的一面，要把整个主题性展台最美的一面展示在顾客面前，就要让每个组配菜点的摆放朝向在主面都是最佳的观赏角度，给顾客留下美好的印象。

（3）要注意展示菜点的摆放位置。主题性展台是由多个组配菜点组合而成的，在众多的展示菜点中有主有次，有高有低，有圆有方，有整有散，有大有小，有亮有暗，在放置展示菜点时其位置要合理。高的应该放在后面，低的放在前面，否则高的会挡住视线；大的、整的或亮的应该放在后面，小的、散的或暗的放在前面，因为后面距离远，小的和暗的菜点不容易看清。

（4）要注意展示菜点的放置顺序。面积较大、台面较宽、组配菜点数量较多的主题性展台，在放置展示菜点时一定要注意其摆放顺序的合理性。如果放置顺序不合理，在布台时会给布展者带来极大的不便，甚至会破坏其他菜点的展示效果。总的来说，应该先放大的、整的，后放小的、散的，先放后面再放前面，先放上层再放下层，这样就会有条不紊，后放置的菜点就不会影响前面放好的菜点了。

三、主题性展台的设计案例

1. 重大节日主题性展台

中国的节日是中国人民为适应生产和生活的需要而共同创造的一种民俗文化，是中国民俗文化的重要组成部分。自节日产生起，其在不断地发展变化中，被打上了多彩的历史烙印，逐渐形成了鲜明的特点。重大节日中，既有古老的传统节日，如春节、元宵节、清明节、寒食节、端午节、中秋节、重阳节等；又有新的节日，如妇女节、劳动节、青年节、儿童节、建党节、建军节、国庆节等。

以重大节日为主题的展台，是餐饮企业充分利用节假日的文化元素，结合消费者"假日经济"的消费意识而举办的一种宣传活动。企业通过主题性展台的制作与展示，一方面能挖掘、传播传统节日的人文典故，弘扬中国传统文化；另一方面能充分展示菜点作品，增添节日气氛，给企业的发展带来商机。

重大节日主题性展台的设计制作，重点要考虑与节日相关的诸多元素的串联，这样才能丰富并突出主题。不同的节日有着不同的内容与习俗，在设计制作时，对展台的雕刻品、组配菜点作品及装饰品的原料选择、造型工艺、器皿选用及色彩搭配等要重点关注。

如以端午节为主题的展台的设计制作，首先要了解端午节的由来及习俗。每年的五月初五端午节，家家要包粽子、吃粽子，还要在江面举办龙舟竞赛。据说这些都与我国古代伟大爱国诗人屈原有关。在这一天，人们把野外采来的艾叶、菖蒲悬在门上，叫作"插艾"，以驱除邪气。在这一天还有系五彩丝的习俗，五彩丝是用红、黄、蓝、白、黑五色丝线合并而成的细索，人们把它系在手臂上或脖子上，认为可以驱恶免疾，命长如缕。此外，还有吃"五黄"（民间把黄鱼、黄鳝、黄瓜、咸蛋黄、雄黄酒称为五黄）的饮食习俗。在设计制作展台时，可考虑以"龙舟"或"屈原"为原型制作大中型的雕刻作品；以"粽子"为造型制作艺术冷盘；组配菜点一定要有选用"五黄"原料的，且造型上也要有"五黄"原料的体现（如咸蛋造型的芙蓉菜、黄瓜造型的面点等）；在点缀、装饰时除可用艾叶、菖蒲外，还可用红、黄、蓝、白、黑五彩丝适当美化台面，此外，也可用时令水果进行补充，使台面内容更加丰富。总之，端午节主题性展台要体现初夏的特点，整个台面要以绿色为主调，给人以清新自然的感觉。

如设计制作中秋节为主题的展台，可考虑制作以"嫦娥奔月"为原型的大中型雕刻作品；艺术冷盘可以考虑以思乡、团圆为主题，来体现团聚的意境；组配菜点中月饼必不可少，主要菜点可选用深秋的时令原料（如螃蟹、田螺、鲈鱼、麻鸭、菱角、莲藕等），此外，特色地方小吃可以丰富菜点的花色品种；点缀、装饰时桂枝、桂花可以作为主角，时令水果加以辅助，整个台面可以暖色为主调，达到体现丰收、吉祥的效果。

2. 重大活动主题性展台

餐饮企业的重大活动是指企业为庆祝餐厅新开业、企业周年纪念日及配合政府重大活动、举办社会公益活动等而举办的商业活动。

餐饮企业为举行一次气氛热烈、隆重大方的庆典活动而设计制作一个主题性展台，就是一次向社会公众展示自身良好形象的机会。在现代社会中，许多餐饮企业都善于利用重要节日或自身发展中值得纪念的时间点举行庆祝活动，借助喜庆和热烈的气氛，给公众留下深刻的印象，扩大自身的知名度，最终获得更大的经济效益和社会效益。

为确保餐饮企业重大活动主题性展台布展的顺利实施，需要明确以下内容：主题性展台展示的目的、实现主题性展台展示的环境与空间条件、主题性展台台面作品设计与制作要求、主题性展台展示的效果与评估方法、主题性展台实施的附加条件等。

如设计制作以餐饮企业周年纪念日为主题的展台，可考虑以企业的店标或企业文化的核心特征为原型制作大中型的雕刻作品；艺术冷盘可选用当地的人文景观作为主题，作品要雄伟壮观、引人注目；展台的菜点作品可以由企业的畅销品种、创新的特色品种及参加各类烹饪比赛获奖的优秀品种等组成。在原料的选用上可以不拘一格，要充分展示原料本身的规格与档次；在制作工艺上要讲究精益求精，体现"人无我有，人有我精"的宗旨，使整个台面的菜点作品色泽亮丽、造型生动、器皿多样、错落有致；点缀和装饰物可进行多元化组合，利用现代高科技与灯光、音响效果，要给人以隆重、喜庆、大气的感觉。

学习单元 2　主题性展台的美化与装饰

在当今社会，人们对饮食的追求早已不仅是为了温饱，更多的人追求饮食文化及饮食意境。对菜点进行适当的美化装饰，能够有效地改变菜点在装盘后的色与形存在的不足，特别是主题性展台，更应重视台面上每个菜点的美化装饰，这样才能充分展示整个台面的艺术效果。

一、主题性展台菜点美化装饰的步骤

主题性展台菜点美化装饰的操作过程，是展台的美化装饰由局部到整体的操作步骤，这一操作步骤中有的可以同时进行，但决不能逆转或倒置。

1. 单个菜点的美化装饰

单个菜点的美化装饰是指选用适当的原料，采用相应的方法对单个菜点作品进行一定的修饰，这是展台菜点美化装饰的第一个操作步骤。

2. 组合菜点的美化装饰

为了能更好地体现和展示主题性展台的效果，需要将展台展示的菜点进行适当的组合，如菜肴与雕刻组合后再做美化装饰。

3. 台面的美化装饰

台面的美化装饰主要是指当所有的展示菜点完全到位后，为了使台面上的组配菜点整体更加协调，使台面更加美观、和谐而进行的修饰过程。一般的方法是在组配菜点的空隙之间摆放相应的花、草或装饰物品，以及放置相应的菜牌等。

4. 周围环境的美化装饰

周围环境的美化装饰是指当所有的展示菜点及美化装饰完全到位后，为了能使主题性展台更加醒目、更加突出、更加诱人、内容更加丰满，而对周围环境采取一定美化的修饰过程。例如，在主题性展台的上方或四周安装相应的灯具或悬挂彩条，给展台布置相应的背景及介绍牌等。

二、主题性展台美化与装饰的运用

主题性展台美化与装饰是指将烹饪中可食性原材料或其他观赏性物品，经加工、组配后，运用美学装饰造型的手法，对菜点或展台进行美化、装饰的技艺。通过美化菜点作品与展台环境，烘托主题性展台主题，增强顾客的视觉享受和美食艺术感受。

1. 利用雕刻品装饰

可以运用食品雕刻技术将烹饪原料制作成各种意境悠远、形态逼真、刀工精湛的雕刻作品，用来点缀菜肴、装饰台面，以衬托主题性展台的主题，使顾客赏心悦目，得到物质与精神的双重享受。尤其是在菜肴的美化和装饰方面，雕刻品往往是根据主题性展台的性质、规格以及菜点本身的特征、风格等，来表现不同菜点的特点。例如在菜点装饰中，可以用寿星老人的雕刻品作盘饰，来表达对老年人祝寿时的敬意；用中国龙的雕刻品作盘饰，以突显菜点的精致和大气；用凤凰或锦鸡等雕刻品作装饰，显示富贵和荣华的气质；以喜鹊等花鸟造型作装饰，展示菜肴的精致和美好的寓意；等等。

2. 利用其他装饰物品装饰

主题性展台的美化与装饰材料除了可食性原材料外，为了更好地体现菜点作品特别是整个展台的艺术效果，也可以用其他观赏性物品来进行装饰美化。这类物品大多特色鲜明、个性化突出，并且富有较深刻的寓意。例如，为更好地展示以丰收为主题的展台，可以采用成熟了的玉米、高粱、南瓜等农作物，以及"谷仓""粮堆"等造型物来点缀装饰；为展示以春节为主题的展台，可以采用春联、中国结、红灯笼、鞭炮等带有过年气氛的道具来点缀装饰；为展示以农家乐为主题的展台，可以采用"铁锅""石磨""木柴""蓑衣""斗笠"等造型的用具来点缀装饰。

3. 利用灯光装饰

现代科学研究证明，人类在获取自然界的信息时，有80%是通过眼睛来完成的，而只有通过光，我们才可能看到世间千姿百态的形象与绚丽多彩的颜色。因此，没有了光也就没有了形象与色彩。在主题性展台美化与装饰过程中，有很大一部分内容是依靠光线来表达的。从这个意义上来说，光线是展台及其作品装饰的灵魂，巧妙地运用灯光可以获得各种不同的艺术效果，如区分空间、增加层次、突出主体、营造气氛等。

在运用灯光进行装饰时，先是照明方式的确定，应当根据展台环境的不同要求，选择照明的类型。按照明类型，分为直接照明、半直接照明、漫射照明、半间接照明和间接照明。按照度分布，分为一般照明、局部照明和混合照明。这两种分类方法都有各自的用处。巧妙地运用这些照明方式，可以在主题性展台上创造出不同的装饰效果。例如，可以用漫射照明烘托出柔和的气氛，然后在展台作品装饰的重点部位加上局部照明，这样可以达到突出主体、拉开层次、吸引视线的目的。

运用灯光进行装饰还有一些特殊的手段。例如，运用不同颜色的霓虹灯做成艺术造型，利用光导纤维制成艺术灯具，给人以梦幻般的感受；用各种灯光与不同的造型艺术相结合，制成"光艺术品"；等等。总之，随着科学的进步，各种新技术不断产生，利用灯光进行装饰的手段将越来越丰富。

4. 利用花草、果蔬装饰

花草和果蔬装饰物具有鲜艳的颜色和别致的形态，不论何种形式的主题性展台，在菜点与台面的美化与装饰过程中，花草和果蔬作为装饰物必不可少。但在点缀和装饰过程中，应科学合理地使用，切不可哗众取宠。具体应注意：一是花草和果蔬装饰不可喧宾夺主，否则会掩盖展台的主题；二是选用的花草、果蔬装饰品种应根据展台的主题要求而有所差异，如以庆贺为主题的展台所使用的花草、果蔬装饰可选用色泽艳丽的品种；三是用花草、果蔬装饰时，应选用色泽亮丽、大小适中、挺拔硬朗的品种；四是对花草、果蔬装饰，要定时喷水保湿。

厨房管理

✓ 课程 8-1　厨房整体布局
✓ 课程 8-2　人员组织
✓ 课程 8-3　菜肴质量管理分工

模块 8

课程 8-1　厨房整体布局

■ 学习单元 1　影响厨房布局的因素

厨房的生产流程、菜点的生产质量以及厨师的劳动效率，很大程度上受到厨房整体布局是否合理的影响。科学合理的厨房布局可以减少厨房生产性浪费，降低生产成本，同时能有效地提高产品质量和劳动效率。另外，厨房布局还影响到部门之间的工作配合、经费投入等。

一、厨房布局概述

1. 厨房布局的定义

厨房布局是根据餐饮企业经营的需要，在确定厨房的规模、形状、建筑风格、装修标准以及厨房各部门之间关系和生产流程的基础上，对厨房各功能所需面积进行分配，对所需区域进行定位，进而对各区域、各岗位厨房生产设施和所需设备进行配置的统筹计划和安排工作。显然，厨房布局受多种因素的影响，其中有直接因素，也有间接因素。在实施布局时，管理者必须懂得厨房的规划布局原理，避免因布局不科学而带来生产流程的不合理和资金浪费。

2. 厨房布局的原则

厨房设计与布局是否合理，直接关系到餐饮经营的成败，设计时必须结合餐饮企业的实际情况，反复研究以求得最佳方案，避免凭感觉随意设计施工，造成人力、物力、财力及时间上的浪费。厨房在设计布局前，必须进行详细周密的筹划。

（1）保证厨房工作流程连续顺畅。厨房生产从原料购进开始，经过加工和切割、配份到烹调出品，是一项环环相扣、循序渐进的工作。因此，在进行厨房布局设计时，应考虑所有作业点、岗位的安排和设备的摆放，应与生产、出品的次序相吻合；同时要注意厨房原料进货和领用路线、菜肴烹制装盘与出品路线的分隔，避免交叉拥堵。

（2）厨房各部门尽量安排在同一楼层，并力求靠近餐厅厨房的不同加工作业点集中紧凑，尽量安排在同一楼层、同一区域。这样可以缩短原料、成品的搬运距离，提高工作效率，便于互相调剂原料，便于设备、用具的使用，有利于垃圾的集中清运，降低厨师的劳动强度，保证出品质量，减少顾客等餐时间。同时，也更便于管理者集中控制和督导。

（3）注重食品卫生及生产安全。厨房卫生关系到顾客的身体健康和企业的声誉，厨房的头等大事就是卫生工作。因此，在厨房设计装修及设备的选购上，应围绕便于清洁卫生的要求进行。

厨房是水、电、燃气集中的地方，厨房安全主要是指厨房整个生产环节的安全性，以确保生产的菜点无变质、无污染、食用安全，以及厨房所有工作人员的人身安全。在厨房设计过程中应注意电源的总容量、电线的规格品牌、电器的功率、防火系统的布排、消防器材的布放、监控系统的分布、地面瓷砖或石材的防滑性能，以及气源阀门、油库、消防通道还有进排水系统、通风系统、空调系统、垃圾出口等的合理布局。

（4）设备尽可能兼用、套用，集中设计加热设备。一些规模较大的餐厅往往有多个楼层、多个厨房。由于餐饮消费结构不同，出品时间有先后之分，如冷菜、烧烤、点心等消费的数量一般少于热菜，但出菜的时间又分别先、后于热菜。因此厨房设备布置时可根据餐厅的实际情况，尽可能将点心、烧烤、冷菜等相同功能的厨房集中在同一楼层，采用一套设备集中生产，分点调配使用，不仅可节省厨房场地、设备投资，还可大大降低劳动成本。

（5）留有调整发展余地。现代餐饮经营模式层出不穷，有明档展示、现场烹调等，直观地将菜点的制作过程展现在顾客的眼前，让顾客身临其境，增进其消费欲望，因此现代厨房设计布局应根据餐饮经营模式不断调整设计思路，形成自己的特色。另外，有的餐厅由于种种原因，如资金不足、对客源估计不足等，往往在设计厨房时场地安排过小，设备数量仅够正常情况下使用，一旦生意兴隆，往往厨房生产供不应求，因此在厨房设计时应着眼于长远发展，留有适当的空间，以便今后随时添置设备，满足餐饮经营需求。

3. 影响厨房布局的因素

（1）厨房建筑格局和规模大小。厨房的场地形状和空间大小直接影响厨房的整体布局。场地规整、面积充足，有利于厨房进行规范设计，并配备数量充足的设备。

厨房的位置若便于原料的进货和垃圾清运，则为集中设计加工厨房创造了良好条件；若厨房与相应餐厅处于同一楼层，则便于烹调、备餐和出品。反之，厨房场地狭小、不规整，或与餐厅不在同一楼层，设计布局则相对比较困难，需要进行统分结合、灵活设计，以减少生产与出品的不便。

（2）厨房的生产功能。厨房的生产功能不同，其生产流程方式及对面积、设备配置的要求也不同，设计必须与之相适应。一般中大型餐饮企业的厨房往往是由若干个功能独立的分厨房有机联系、组合而成的。因此，各分厨房功能不一，设计各异。加工厨房的设计侧重于配备加工器械，冷菜厨房的设计则注重卫生消毒和低温环境的创造，面点厨房的设计应配备面点制作设备。

（3）公用设施分布状况。厨房布局必须注意公用设施分布状况，即电路、水管、煤气管道的分布情况。在公用设施不方便接入的地区设计厨房布局时，对设备的有效性和生产的安全性必须作预估。考虑到能源的不间断供给情况，厨房设计应该采用燃气烹调设备和电力烹调设备相结合的方式，以避免因为任何一种能源供应的中断而带来不必要的麻烦。

（4）相关法律法规的要求。食品卫生和消防安全、环境保护等有关法律法规应作为厨房设计充分考虑的重要因素。在对厨房进行面积分配、流程设计、人员走向和设备选型上，都应遵守法律法规的要求，减少因未遵守法律法规造成的损失。

（5）投资费用。厨房布局的投资费用决定了是用新设备还是改造现有的设施设备，决定了重新规划整个厨房还是仅限于厨房的局部改造，因此直接影响了厨房的布局标准和范围。

二、厨房整体布局的要求

厨房整体布局，即根据厨房生产规模和生产流程的要求，充分考虑现有的条件，对厨房位置和面积进行确定，对厨房的生产环境及内部区域布局进行综合设计。

1. 确定厨房位置的原则

厨房位置一般是根据整个建筑物的位置、规模、形状等来设计确定的。由于厨房生产的特殊性，其生产过程不仅特别强调卫生，而且还要考虑垃圾、油烟、噪声等的产生，因此在确定厨房位置时要进行综合考虑、合理安排。

（1）确保厨房周围的环境卫生，附近不能有任何污染源。

（2）厨房应设置在下风向或便于集中排烟的地方，尽量减少对环境的污染。

（3）厨房应设置在便于消防控制的地方。厨房最好不要建在地下室，厨房位置要确保方便消防控制。

（4）厨房应设置在紧靠餐厅并方便原料和垃圾运输的地方。

（5）厨房应设置在靠近或方便连接水、电、气等公用设施的地方，以节省建设投资。

2. 厨房位置的选择

大型综合型酒店或为高层建筑的酒店，厨房多设在主楼或辅楼；而普通餐馆、酒楼或其他为低层建筑的酒店，厨房多与餐厅紧密相连。不管厨房设在哪个位置，都各有利弊。

（1）厨房设在建筑物底层。这种设置不仅方便原料运送，也便于垃圾清运。同时，还有利于厨房用能源的连接，对企业的安全生产和卫生控制非常有利。低层的厨房与餐厅紧密相连，顾客入店用餐也很方便。但不足之处是，低层厨房抽排油烟不太方便，往往需要高管导引，以减少对低层及附近环境造成的污染。因而，在可能的条件下最好将厨房设在主楼下风向的单独辅楼内，以减少厨房生产对周围环境的影响。

（2）厨房设在建筑物上部。因酒店顶部设有便于观光的餐厅或高级餐厅，为了保证餐厅出品质量，需要在高层建有相应的厨房。设在建筑物上部的厨房，功能有限，通常只用于简单烹调或装盘处理，大量的前期准备工作需要设在低楼层的其他厨房协助完成，通过垂直运输渠道输送，这样可减少上部厨房的工作量和垃圾产生。厨房的加热能源既要安全，又要卫生，因此多选用电加热。

（3）厨房设在地下室。企业由于用房紧张，可能会将厨房设在地下室。这样，原料的运入与垃圾的运出面临很大的困难，需要有方便原料和成品传输的垂直运货电梯才能确保工作效率不受影响。同时，为确保安全，许多地区规定设在地下室的厨房不得使用管道煤气和液化气。所以，许多企业宁可把办公室设在地下室，也要确保厨房设在方便、安全的位置。

3. 厨房环境设计的要求

（1）厨房的高度。厨房的高度一般为 4 m 左右，未经装修的高度为 3.8～4.3 m，吊顶后高度为 3.2 ~ 3.8 m。

（2）厨房的顶部。顶部可采用防火、防潮、防滴水的石棉纤维或轻钢龙骨材料进行吊顶。

（3）厨房的地面。地面要求耐磨、耐压、耐腐蚀、防滑，地面要平整，但也要有 1.5% ~ 2.0% 的一定坡度，以防止地面产生积水。地面与墙角的交接处采用圆角处理（曲率半径为 3 cm），可确保在冲洗地面时，四周角落的污物都能冲出。

（4）厨房的通道。厨房通道是保障厨房正常生产和物流畅通的重要条件，其最小宽度设计见表 8-1-1。

表 8-1-1　厨房通道最小宽度设计

通道位置	最小宽度及要求
消防通道	通畅，无障碍
1 人操作	70 cm
2 人背向操作	150 cm
2 人平行通过	120 cm
1 人和 1 辆车并行通过	60 cm+ 推车宽
1 人操作背后过 1 人	120 cm
2 人操作中间过 1 人	180 cm
2 人操作中间过 1 辆推车	120 cm+ 推车宽

（5）厨房照明。厨房照明应达到 10 W/m^2 以上。

（6）厨房噪声。厨房的噪声一般要控制在 80 dB 以下。

（7）厨房的温度和湿度。厨房一般温度较高，太高的温度不利于提高工作效率，要尽可能地降低厨房温度。温度冬天应为 22 ~ 26 ℃，夏天一般为 24 ~ 28 ℃；湿度一般为 30% ~ 40%。夏季温度在 30 ℃左右的时候，湿度要控制在 60% 以下。

（8）厨房的采光和通风。厨房大多采用自然采光，理论上要求窗户和墙的比例为 1:6。但这在实际工作中很难达到，因此就要送入新风和局部送风。实践证明，每小时换气 40 ~ 60 次可使厨房保持良好的通风环境。

厨房排风量计算方法：CMH=V × AC

CMH 代表每小时所排出的空气体积量，V 代表空气体积，AC 代表每小时换气的次数。

例：厨房长约 20 m、宽 8 m、高 3.6 m，厨房需要每小时换气 50 次，其排气量为：

$$CMH=V \times AC=20 \text{ m} \times 8 \text{ m} \times 3.6 \text{ m} \times 50 \text{ 次 }/h=28\ 800 \text{ m}^3/h$$

通过计算，可以据此选择排风设备的功率。

此外厨房还应该选用运水烟罩，排烟罩应用不锈钢材料制作，表面无死角，易清洗，罩口要比灶台宽 0.25 m，罩口风速大于 0.75 m/s；排风管上方有自动挡板，防止害虫进入厨房。

（9）厨房排水。厨房的排水系统有 2 种——明沟和暗沟。明沟深度一般为 15～20 cm，坡度为 2.0%～4.0%，宽度为 30～38 cm。暗沟直径小于 150 mm。明沟还要注意设防鼠网，网眼要小于 1 cm。

三、厨房面积的确定

1. 确定厨房面积的因素

（1）原材料的加工作业量。原材料加工程度不同，厨房所需面积大小也不同。西餐所使用的食品原料如猪、牛等，按不同的部位及用途做了规范、准确、标准的分割，按质按需定价，餐饮企业购进原料无须很多的加工处理，便可直接使用。而目前的中餐原料市场供应不够规范，规格标准大多不一，原料多为原始、未经加工的"毛坯原料"，原料购进之后，大都需要进一步整理加工。因此，不仅加工工作量大，生产场地面积也要增大。若是用干货原料制作菜肴为多的酒店，其厨房的加工面积更要加大。

（2）经营的菜式风味。一般来说，西餐厨房相对要小些，是因为西餐原料供应规范，外加精细程度高。同时，西餐品种也比中餐少，原料品种范围和作业量都可以较为准确地预测和准备。而中餐所需厨房面积的大小就有明显的差别，如淮扬菜厨房就相对粤菜厨房要大些，因为淮扬菜在加工、生产等方面工作量大，火功菜多，炉灶设备也要多配一些。又如，同是面点厨房，制作山西面食的厨房就要比制作粤点、淮扬点心的厨房大，因为山西面食的制作工艺要求有大锅大炉与之配合才行。

（3）厨房生产量的多少。厨房生产量多少是根据顾客用餐人数确定的。用餐人数多，厨房的生产量就大，用具设备、员工等都要多，厨房面积也就要大些。而用餐人数多少与企业的知名度、规模、服务等有关，又与经营、服务方式有关。所以，厨房一般以最高用餐人数作为计算生产量的依据。

（4）设备的先进程度与空间的利用率。厨房设备先进，不仅能提高工作效率，功能全面的设备还可以节省不少场地。如使用冷柜切配工作台，可节省厨房面积。如厨房高度足够，可安装吊柜等设备，还可配置高身设备或操作台，这样可大大节省平面用地。此外，厨房平整、规则，且无隔断、立柱等障碍，能够为厨房设计和设备布局提供方便，也为节省厨房面积提供了可能条件。

（5）厨房辅助设施状况。在进行厨房设计时必须考虑厨房生产必需的辅助设施。辅助设施如员工更衣室、员工食堂、员工休息间、办公室、仓库、卫生间等，还有与生产紧密相关的煤气表房、液化气罐房、原料库房、餐具库等。辅助设施一般都应在厨房之外作专门安排。

2. 厨房总体面积确定方法

（1）按餐位数计算厨房面积。按餐位数计算厨房面积要与餐厅经营方式相结合。一般来说，供应自助餐餐厅的厨房，每一个餐位所需厨房面积约为 $0.5 \sim 0.7 \ m^2$；供应咖啡、制作简易食品的厨房，由于出品要求快速，故供应品种相对较少，因此每一个餐位所需厨房面积约为 $0.4 \ m^2$ 左右。风味餐厅、正餐厅所对应的厨房面积就要大一些，因为供应品种多，规格高，烹调、制作过程复杂，厨房设备多，所以每一餐位所需厨房面积约为 $0.5 \sim 0.8 \ m^2$。

（2）按餐厅面积来计算厨房面积。一般来说，国外厨房面积一般为餐厅面积的 $40\% \sim 60\%$；国内一般为 $40\% \sim 50\%$，在一些地区（如经济发达地区），原料的初加工采用集中机械化生产，进料大多为净料或半成品，故比例一般为 $30\% \sim 40\%$。但是有的厨房由于承担的加工任务重、制作工艺复杂、机械加工程度低、设备配套性较差、生产人手多，故厨房的面积占比要大些，一般为 60% 左右。

（3）按餐饮面积比例计划厨房面积。厨房面积随着营业面积的增加而比例下降，一般来说，餐厅占总面积的 50% 左右，而厨房和仓库占 30% 左右为好。另外，客用设施（洗手间、过道）等占 7%，清洗间占 7%，员工设施占 4%，办公室占 2%。

3. 厨房各作业区面积的确定

厨房总面积确定以后，还需进一步确定厨房各作业区的面积比例。厨房各作业区面积应根据各作业区所承担的作业量（结合平时作业人员数量与施展空间）和配备的设备规格及其数量来安排。一般来说，配菜、烹调区约占厨房总面积的 42%，初加工区约占 23%，点心制作区约占 15%，烧烤制作区约占 10%，冷菜制作区约占 8%，厨师长办公室约占 2%。

■ 学习单元 2　中餐厨房布局

　　根据中餐厨房空间大小、生产功能及设施、设备的不同，厨房布局也有不同的要求。

一、厨房各生产区域布局

　　厨房各生产区域的合理划分与安排，是指根据厨房生产的特点和需要合理地安排生产的先后顺序和生产的空间分布。一般而言，综合性厨房根据其菜点制作加工的工艺流程，其生产场所大致可以划分为四个区域。

1. 烹饪原料验收区域

　　原料是厨房生产的基本要素，原料验收区域是原料进入厨房后至加工处理前的工作场所，工作内容包括原料的验货、原料的仓储、鲜活原料的活养等。原料采购进店后，经过验收工序，除本身处于冰冻状态的原料需要入冷冻库存放、大批量购进的干货和调味品原料需要进入仓库保管外，厨房日常生产使用数量最多的鱼、肉、蛋、瓜果蔬菜等鲜活原料一般直接进入厨房，随时供加工、烹制使用。

2. 烹饪原料加工区域

　　原料加工是菜点进入正式制作前的必要基础工作。原料加工区域主要是原料进入厨房后对其进行初步加工处理的场所。原料加工工作内容通常包括水产类宰杀、蔬菜择洗、干货涨发，初加工后原料的切割、腌制、上浆等。由于该区域与原料验收区域关系紧密，因此放在相邻区域比较恰当。

3. 菜点生产区域

　　这一区域的工作内容通常包括热菜的配份、打荷、烹调，冷菜的烧烤、卤制和装盘，点心的成形和熟制等。生产区域也是厨房设备配备相当密集、设施设备种类最为繁多的区域，一般可分隔为相对独立的热菜配菜区、热菜烹调区、冷菜制作与装配区、主食面点制作与熟制区四个分区域。

4. 菜点销售区域

菜点成品销售区域介于厨房和餐厅之间，该区域与厨房生产流程关系密切的地点主要是备餐间、洗碗间、明档以及水产活养处等。

备餐间对菜点出品秩序和完善出品有重要作用，有些出品的调料、配料、进食用具等在此配齐；洗碗间的工作质量和效率直接影响厨房生产和出品，因此位置也多靠近厨房，这样便于清洗厨房内部使用的配菜盘等用具；明档和水产活养处的功能是向顾客展示本店的特色品种，具有一种辅助营销作用。

二、中餐厨房布局实例

厨房布局依据厨房结构、面积、高度以及设备的具体情况进行。由于在设计具体厨房布局时变化因素较多，厨房布局类型也相应较多，常见的主要有以下几种布局类型。

1. L 形中餐厨房布局（见图 8-1-1）

L 形布局通常将设备沿墙壁设置成一个犄角形。在厨房面积有限的情况下，往往采用 L 形布局。L 形布局通常是把煤气灶、烤炉、扒炉、炸锅、炒锅等常用设备组合在一边，把另一些较大的如蒸锅、汤锅等设备组合在另一边，两边相连成一犄角，集中加热、集中排烟。这样厨师能顺势兼顾一组设备，人员配备既有分工，又比较节省。这种布局方式在一般酒店或包饼房、面点生产间等厨房得到广泛应用。

图 8-1-1　L 形中餐厨房布局

2. 直线形中餐厨房布局（见图 8-1-2）

　　直线形布局适用于高度分工合作、场地面积较大、相对集中的大型餐馆和酒店的厨房。直线形布局是将所有炉灶、炸锅、蒸炉、烤箱等加热设备均作直线形布局，通常是依墙排列，置于一个长方形的通风排气罩下，集中布局加热设备，集中吸排油烟。每位厨师按分工专门负责某一类菜肴的烹调熟制，所需设备工具均分布在其附近，因而能减少取用工具的行走距离。与之相对应，厨房的切配、打荷、出菜台也直线排放，整个厨房整洁清爽，流程合理、通畅。但这种布局在餐厅出菜环节可能走的距离较远。因此，这种厨房布局一般服务两头餐厅区域，两边分别出菜，这样可缩短餐厅跑菜距离，保证出菜速度。

图 8-1-2　直线形中餐厨房布局

3. 平行形中餐厨房布局（见图 8-1-3）

　　平行形布局是把主要烹调设备背靠背地组合在厨房内，置于同一通风排气罩下，厨师相对而站，进行操作。工作台安装在厨师背后，其他公用设备可分布在附近。平

图 8-1-3　平行形中餐厨房布局

行形布局适用于方块形厨房。此类布局由于设备比较集中，只使用一个通风排气罩，因而比较经济，但也存在着厨师操作时必须多次转身取工具、原料，以及必须多走路才能使用其他设备的弊端。

4. U形中餐厨房布局（见图8-1-4）

厨房设备较多而所需生产人员不多、出品较集中的厨房部门，可采用U形布局，如点心间、冷菜间、火锅、涮锅操作间等。U形布局将工作台、冰柜及加热设备沿四周摆放，留一出口供人员、原料进出，甚至连出品亦可开窗从窗口接递。人在中间操作，取料操作方便，节省行走距离，设备靠墙摆放，可充分利用墙壁和空间，显得更加整洁。一些火锅店常采用这样的设计，有很强的适用性。

图8-1-4　U形中餐厨房布局

三、厨房作业间设计布局

厨房作业间是在大厨房即整体厨房之下小厨房的概念，是厨房不同工种相对集中的作业场所，即一般餐饮企业为了生产、经营的需要，分别设立的加工厨房，烹调厨房，冷菜、烧烤厨房，面点厨房等。

1. 加工厨房设计布局要求

（1）应设计在靠近原料入口并便于垃圾清运的地方。

（2）应有加工本餐饮企业所需全部生产原料的足够空间与设备。

（3）加工厨房与各出品厨房要有方便的货物运输通道。

（4）不同性质原料的加工场所要合理分隔，以保证互不污染。

（5）加工厨房要有足够的冷藏设施和相应的加热设备。

2. 烹调厨房设计布局要求

（1）中餐烹调厨房与相应餐厅要在同一楼层。

（2）中餐烹调厨房必须有足够的冷藏和加热设备。

（3）抽排油烟、蒸汽效果要好。

（4）配份与烹调原料传递要便捷。

（5）要设置急杀活鲜、刺身制作的场地及专门设备。

3. 冷菜、烧烤厨房设计布局要求

（1）应具备两次更衣条件。

（2）设计成低温、消毒、可防鼠虫的环境。

（3）设计配备足够的冷藏设备。

（4）紧靠备餐间，并提供便捷的出菜条件。

4. 面点厨房设计布局要求

（1）面点厨房要求单独分隔或相对独立。

（2）要配有足够的蒸、煮、烤、炸设备。

（3）抽排油烟、蒸汽效果要好。

（4）便于与出菜沟通，便于监控、督查。

四、厨房相关部门设计布局

1. 备餐间设计布局要求

（1）备餐间应处于餐厅、厨房过渡地带。

（2）厨房与餐厅之间应采取双门双通道。

（3）备餐间应有足够的空间和设备。

2. 洗碗间设计布局要求

（1）洗碗间应靠近餐厅、厨房，并力求与餐厅在同一平面。

（2）洗碗间应有可靠的消毒设施。

（3）洗碗间通、排风效果要好。

3. 热食明档、餐厅操作台设计布局要求

（1）设计要整齐美观，进行无后台化处理。

（2）简便安全，易于观赏。

（3）油烟、噪声不扰客。

（4）菜肴相对集中，便于顾客取食。

课程 8-2　人员组织

学习单元 1　厨房各岗位人员配备

厨房各岗位人员配备，应综合考虑餐饮企业的生产规模、等级和经营特色，以及厨房的布局状况、组织机构设置情况等因素来确定。厨房人员配备是否合适，不仅直接影响劳动力成本、厨师队伍士气，而且对厨房生产效率、出品质量以及生产管理的成效有着不可忽视的影响。

一、厨房组织结构设置

设置厨房组织结构时，要根据企业规模、经营特点、生产目标来确定组织层次及生产岗位，使厨房的组织结构充分体现其生产功能，并做到明确职务分工、上下级关系、岗位职责和协调机制，并对人员进行科学的分工组合，使厨房的每项工作都有具体的人员直接负责和督导。

厨房组织结构应体现餐饮企业管理的风格，在总的管理思想指导下，遵循组织结构的设计原则。

1. 厨房组织结构设置原则

由于不同餐饮企业的经营风味、经营方式和管理体系不尽相同，不同餐饮企业在确立厨房机构时不应简单模仿，不能生搬硬套，要充分考虑和力求遵循厨房组织结构设置的基本原则。

（1）以满负荷生产为中心的原则。在充分分析厨房作业流程、统观管理工作任务的前提下，应以满负荷生产、厨房各部门承担足够工作量为原则，即"事事要有人做"，因事按需设置组织层级和岗位。机构确立后，本着节约劳动的原则，核计各工种、岗位劳动量，定编定员，杜绝人浮于事，保证厨房配备人员的精练、高效。

（2）权力和责任相当的原则。在厨房组织机构中每层都应有相应的责任，承担多大的责任，就应该赋予相应的权力。没有明确权力或权力的应用范围小于工作要求时，就会导致责任无法履行、任务无法完成。因此，在设置组织结构时，要求做到层次分明、划清责权范围，以便能有效地进行管理。要坚决避免"集体承担、共同负责"，而实际上无人负责的现象。当然，对等的权力和责任也意味着赋予某一层的权力不能超过其职责。

（3）管理跨度适当的原则。每位员工或管理人员原则上只接受一位上级的指挥，各级、各层次的管理者也只能按级、按层次向本人所管辖的下属发号施令。管理跨度是指一个管理者直接、有效地指挥控制下属的人数，通常一个管理者的管理跨度以3~6人为宜，影响厨房生产管理跨度大小的因素主要有以下几点。

1）层次因素。厨房内部的管理层次要与整个企业规模相吻合，层次不宜多，上层由于考虑问题的深度和广度不同，管理跨度应小些；而基层管理人员与厨房员工沟通和处理问题比较方便，跨度可大些，一般最多可达10人。

2）作业形式因素。厨房人员集中作业要比分散作业的管理跨度大一些。

3）能力因素。下属自律能力强、技术熟练稳定、综合素质高，跨度可大一些；反之，跨度就要小一些。

（4）分工协作的原则。分工协作是提高劳动效率的基本手段。厨房的分工可以使每个员工专注于自己领域内的工作，有利于提高工作效率和促进创新，同时也有助于员工个体经验的积累和知识的完善；厨房人员之间的协作又可以达成个体之间的优势互补，产生一种集群生产力和创造力。

2. 科学设置厨房组织机构

（1）大型厨房组织结构。大型厨房由若干个不同职能的分厨房组成，为便于全面管理，需设立厨房中心办公室，它是厨房最高管理机构，负责指挥整个厨房系统的生产运行。大型厨房由总厨师长全面负责、主持工作；配备厨师长助理，协助总厨师长做好整个厨房的日常管理，确保厨房工作的正常运转；配备成本会计，审核整个厨房各项成本的支出，进行成本核算、费用管理、成本分析；配备副总厨师长，具体分管一个或数个厨房，并分别指挥和监督各分厨房厨师长的工作；各厨房的厨师长负责所在厨房的具体生产和日常运营工作。

（2）中型厨房组织结构。中型厨房比大型厨房的规模、面积等都要小一些，人数、经营项目也相对少一些。中型中餐厨房与大型厨房的某一中餐厨房的组织结构基本相同，一般设有六个必需的作业区，包括原料加工区、切配区、炉灶区、冷菜区、烧烤区、点心区等。由总厨师长全面负责、主持工作，副总厨师长指挥和监督各作业区领班的工作，各作业区的领班负责作业区的具体生产和日常运营工作。

（3）小型厨房组织结构。小型厨房规模较小，通常只设1名厨师长，并根据岗位需要设若干领班。这类厨房的厨师长通常还兼管炉灶或切配等工作。在具体岗位设置上，只有炉灶组、切配组和点心组，有些厨房将冷菜加工归入切配组负责。一般不设专门的采购部和仓库。

二、厨房各岗位人员的配备

合理配备厨房人员的数量，是满足厨房生产的前提，也是提高劳动生产效率、降低人工成本的主要途径。

1. 确定厨房人员数量的因素

厨房每个岗位所需的人数，应根据企业规模、经营档次、餐位数、餐位周转情况、菜单、餐别、设备等因素来综合考虑，以求得最科学、合理的人员数量，既不浪费人力，又能满足生产要求。具体应考虑以下几点。

（1）厨房经营规模的大小和岗位的设置。厨房规模大，相对而言各工种分工就细，岗位设置多，所需人数也多。岗位班次的安排与人数直接相关。有的厨房实行弹性工作制，厨房生产忙时上班人数多，生产闲时上班人数少。有的厨房实行两班制或多班制，这样分班，岗位上的基本人数应能满足厨房生产的正常运转，否则便会影响生产。因此，岗位设置、岗位排班都会影响人数的确定。

（2）企业的经营档次、顾客的消费水平。餐饮企业的经营档次越高，菜肴的质量标准和生产制作也越讲究，厨房的具体分工也越细，所需的人数也就相对要多一些。

顾客消费标准高，对菜点质量要求也高，这就既要求厨师的技术水平高，又要求相关辅助岗位工作能力强，从而要求配备的人手也相对多些。

（3）餐厅营业时间的长短。餐厅营业时间的长短，对厨房生产人员配备也有很大影响。有些餐饮企业是 24 小时营业，甚至还有外卖服务，厨房班次就要增加，人员配备就要多些；若是仅开中午和晚间两个正餐的厨房，人员配备则可相应减少。

（4）菜单供应菜点品种的数量、菜点制作难易程度。菜单的内容体现着厨房的生产水平和风格特色。菜单所列的菜点品种多、菜点制作难度大，人员配备就得多些；如果菜点品种少或适宜大批量制作，厨房的人员配备就可少一些。

（5）厨房设计布局情况及设备的完善程度。厨房设计布局紧凑，生产流程顺畅，加上设施设备先进、加工功能全面，厨房人员就可相对少些。另外，厨房购进的烹饪原料的加工程度也会影响厨房人数。

2. 厨房岗位人员的合理调配

厨房不同生产岗位对员工的任职要求不一样。在调配厨房各岗位人员时，应充分利用人事部门提供的员工背景材料以及岗前培训情况，根据员工的综合素质，将员工分配、安排在合适的岗位上。

（1）量才使用，因岗设人。厨房在对岗位人员进行选配时，应首先考虑各岗位人员的素质要求，即岗位任职条件。选择上岗的员工要能胜任、能履行其岗位职责；同时要在认真细致地了解员工的特长、爱好的基础上，尽可能照顾员工的意愿，让其发挥聪明才智、施展才华。要杜绝照顾关系、情面因人设岗，否则，将为厨房生产和管理留下隐患。

（2）不断优化岗位组合。厨房生产人员分岗到位后，并非一成不变。在生产过程中，可能会出现一些学非所用、用非所长的员工，或者暴露一些班组群体搭配欠佳、缺乏团队协作精神的现象。这样，不仅影响员工工作效率，久而久之还可能会产生不良风气，妨碍管理。因此，优化厨房岗位组合是必需的。但在优化岗位组合的同时，必须兼顾各岗位，尤其是主要技术岗位的相对稳定性和连续性。

3. 厨房人员数量的配备方法

厨房人员的配备一是指满足生产需要的厨房所有员工人数的确定；二是指生产人员的分工定岗，即厨房各岗位人员的选择和合理安置。

（1）根据岗位生产的需要确定。厨房中各岗位的工作量不是均等的，如炉灶岗位上需要的人数就要比冷菜间所需的人数多一些。炉灶岗位要将厨房所提供的菜肴由生的烹制成熟的，而冷菜间一般只负责冷菜的装盘。因此，在以岗位定人数时，应考虑到岗位的工作量、劳动效率、厨师的技术力量、班次、出勤率等因素。

一般来讲，每日平均接待顾客数与厨师人数之比为 10∶1。常用的比例是面点、冷菜、热菜、加工人数之比为 1∶1∶3∶1。

如顾客数为 100 人，按接待顾客数与厨师人数之比 10∶1 的比例计算，各工位厨师总人数为 10 人，其中面点占 10%，岗位设置为 1 人；冷菜占 10%，岗位设置为 1 人；热菜占 30%，岗位设置为 3 人；加工占 10%，岗位设置为 1 人；其他辅助人员占 40%，岗位设置为 4 人。

再如，某酒店中餐厅共有餐位 200 余个，厨房提供的是江苏菜和广东菜，平均上座率达 80% 左右。厨房共设置 4 个岗位，即热菜、加工、面点和冷菜。其中：热菜 9 人（6 名厨师、3 名厨师助手），加工 5 人（2 名厨师、3 名助手），面点 3 人（2 名厨师、1 名助手），冷菜 2 人（2 名均为厨师）。厨房共有厨师 12 人、厨师助手 7 人、厨师长 1 人，共计 20 人，从该厨房的人数来看，是比较合理的人员设置。

（2）按供餐人数确定。这种计算方法一般适用于宴会、团队厨房及一些招待所厨房。这种按比例来计算厨房人数的方法是比较简单的，但又要有一定经验。常用的比例为：50 人餐位 /1 个灶眼。

如供餐人数 100 人，按 50 人餐位 /1 个灶眼计，100 人折合 2 灶眼人员配比。常用的比例方式是面点、冷菜、热菜、加工人数之间的比例为 1∶1∶3∶1。

其中，面点：2 灶眼，占 10%，岗位设置为 2 人；冷菜：2 灶眼，占 10%，岗位设置为 2 人；热菜：2 灶眼，占 30%，岗位设置为 6 人；加工：2 灶眼，占 10%，岗位设置为 2 人。共计 12 人。注意：上述厨师人数不包括实习工、勤杂工、清洁工，也不包括脱产的厨师长及其他人员。由于该比例是按实际生产量所需的厨师人数而定的，不包括休假人员，因此，在确定人数时应考虑到这些因素，厨房配备人数应有一定富余。

（3）参照同规模、同性质、同类厨房的人数确定。这种方法比较实用、合理。但如果厨房生产功能不一样，厨房设备、菜点难易不一，就不能盲目去仿照，必须根据本厨房的特色，参照以上几种方法来确定人数。参考数据如下：厨房供餐人数 100 人，厨房所需厨师人数 9～11 人；厨房供餐人数 200 人，厨房所需厨师人数 12～18 人；厨房供餐人数 300 人，厨房所需厨师人数 15～20 人；厨房供餐人数 400 人，厨房所需厨师人数 20～26 人。

📖 学习单元 2　厨房各岗位工作职责

厨房是加工制作菜肴的场所，菜肴质量会直接影响经营效益，所以厨房是餐饮企业的重中之重。一家成功的餐饮企业，必须做到厨房每一个岗位的职责明确、责任到位。厨房各岗位的工作职责通常如下规定。

一、厨师长的工作职责

1. 制定每一时期厨房工作计划、成本预算等，并以此为依据制定可行实施细则，有效控制成本，保证利润。

2. 及时了解顾客口味及用餐方式的变化，修订菜谱，使之更符合市场要求，满足顾客需要。

3. 负责厨房的劳力调配和班组之间的协调工作。了解员工情况，根据每个员工的特长安排工作，随时根据工作的繁简、任务的轻重对厨房人员进行合理调配。

4. 负责对菜肴质量进行现场指导和把关，特殊情况亲自操作。

5. 准确掌握原料库存量，合理安排原料的使用，监督各道生产工序，避免浪费，及时进行货物清盘，严格控制成本。

6. 负责指导后厨其他人员的日常工作，搞好人员间的协调，执行工作纪律和行为准则，及时解决工作中出现的问题。

7. 负责厨房卫生工作，抓好环境卫生、食品卫生和个人卫生，督促员工严格执行食品卫生法及厨房的各项卫生制度，检查食品、餐具、用具和厨师的个人卫生，杜绝食品中毒事件。

8. 每天亲自验收原料，杜绝不符合质量标准和价格标准的原料入厨。

9. 负责厨师的培训、考核工作，加强岗位培训和技术交流，力求菜肴生产的标准化和制作的规范化，研制新菜肴。

10. 监督检查厨房各种设备的安全使用和保养情况。

11. 负责厨房员工的考勤工作，完成店面经理交派的其他工作。

二、初加工岗位的工作职责

1. 根据各厨房的正常供应量、预订量决定原料加工的品种和数量，并保证及时、按质、按量交付给各厨房使用。

2. 负责将蔬菜原料按规格去皮、筋、枯叶、虫卵等杂物，洗涤干净。

3. 负责将动物、鱼、虾类原料按规格去净羽毛、鳞壳、脏器等杂物，洗涤干净。

4. 检查库存情况，负责一般植物性干货原料的涨发。

5. 严格按照加工标准和加工规程进行加工，做到物尽其用，注重下脚料的回收。

6. 加工后的原料要及时保存、保鲜，以保证原料加工后的质量。

7. 随时负责并保持作业区域地面的清洁和干爽。

8. 正确掌握和使用各种加工设备，并负责清洁和保养。

三、切配岗位的工作职责

1. 了解营业情况，熟悉菜单，确保各项切配工作顺利进行。

2. 负责本岗位原料保管及验货工作。

3. 负责原料的各种刀工处理，并根据菜肴要求将原料加工成规定的形状。

4. 合理用料，做到物尽其用，把好成本控制关，杜绝浪费。

5. 负责原料的腌制、上浆等处理，为配菜和烹调做好准备。

6. 负责对冰箱和工作台冷柜中原料的数量和质量进行检查，并根据存货做出次日的采购计划。

7. 及时协调或上报当餐没有的原料，尽可能满足顾客的要求。

8. 负责作业区域的卫生清理，做好每餐的收档工作。

9. 负责对作业区的冷藏设备及其他厨房设备定期进行清洁和保养。

四、打荷岗位的工作职责

1. 开餐前做好盘饰的准备工作，如插花、刻花等。

2. 将各类洁净餐具合理放置在打荷台，保证开餐期间使用方便。

3. 开餐时餐具、油壶、调味罐、料汁等放置要整齐，并每餐清洁。

4. 根据炉灶岗位厨师的特点及时分配菜肴烹调，掌握好出菜速度、节奏。

5.按要求给菜肴做盘饰，及时把烹制好的菜肴送到传菜部。

6.将顾客提出的特别要求及时通知炉灶岗位厨师，满足顾客要求。

7.餐后将干净的餐具放入工作台，清洁打荷台及工具。

五、冷菜岗位的工作职责

1.保持个人、容器及包干区域的卫生清洁，并负责冷菜间的消毒。

2.负责餐前免费小菜制作，并保证口味，餐中根据客情和菜单，负责控制组配各种规格冷菜。

3.负责原料的领取、加工及烹制冷菜，并保证符合质量和卫生要求。

4.及时按规格对冷菜进行切配装盘，以及进行刺身、水果拼盘的制作，并向餐厅准确发放。

5.妥善存储用剩的原料、冷菜及调味汁，做好开餐后的收档工作。

6.定期检查、整理冰箱，保证存放食品的质量。

7.正确维护、合理使用设备、工具，保持其整洁及正常使用。

8.下班时检查作业区域卫生及水、电、气开关情况，确保安全后方可离岗。

六、炉灶岗位的工作职责

1.做好灶具、厨具、用具等的准备和卫生工作，保证烹制工作的顺利进行。

2.负责原料焯水、过油等初步熟处理工作，做好开餐前各项准备工作。

3.能够熟练烹制菜单上的菜肴以及厨房推出的特色菜、特别推荐菜。

4.能根据顾客点菜要求，采用特殊烹调方法，使顾客满意。

5.严格按照规程操作，注意卫生、安全和节约。

6.节水、节电，尽量降低损耗，负责所用炉灶等设备的清洁保养工作。

七、蒸灶岗位的工作职责

1.做好开餐前的各项准备工作，确保开餐的顺利进行。

2.掌握不同菜肴的蒸制要求，及时、按序、按标准蒸好菜肴。

3.正确调制各种菜肴的味汁，合理使用调料。

4.保持作业区域的卫生整洁。

5. 检查所有水、电、气、油开关是否关好，做好餐后的收档工作。

6. 负责所有蒸灶设备的清洁保养工作，发现问题及时报修。

课程 8-3　菜肴质量管理分工

■ 学习单元 1　菜肴质量评价标准及质量控制方案

一、菜肴质量管理概述

1. 菜肴质量管理的定义

菜肴的质量，从传统意义来说一般包括菜肴的色、香、味、形、质、器等，如果结合现代科学对菜肴质量的要求，还包括菜肴的温度、营养、安全、卫生等方面。所谓菜肴质量管理，主要是针对菜肴质量，为了满足顾客需要而进行的精细化管理。菜肴质量反映了厨房生产加工水平、管理人员的技术能力和管理水平，同时还表现为顾客对就餐及服务等方面的感受。菜肴质量直接影响到餐厅就餐人数、餐饮企业的经济效益和品牌形象。

2. 菜肴质量管理的作用

菜肴质量管理具有以下几方面作用：减少生产过程中的浪费，降低菜肴的生产成本，为企业增加利润；使菜肴品质得到可靠的保障，充分发挥厨房员工的潜能，向顾客提供更好的产品和服务；为餐饮企业树立良好形象，使餐饮企业的生产运营效率大大提高。

二、菜肴质量评价标准

菜肴质量评价主要使用感官质量评定法，这是餐饮经营实践中最基本、最实用、最简便、最有效的方法，即利用人的感觉器官对菜肴加以鉴赏和品尝，以此评定菜肴各项质量指标的方法。也就是用眼、耳、鼻、舌（齿）、手等器官，通过看、听、嗅、尝、嚼、咬、触等方法，检查菜肴的色、形、质、温等方面，从而确定其质量。

1. 视觉评定

视觉评定是根据经验，用肉眼对菜肴的外部特征如色彩、光泽、形态、造型、菜肴与盛器的配合、装盘的艺术性等进行检查、鉴赏，以评定其质量优劣。菜肴充分利用天然色彩，合理搭配，烹调恰当，自然和谐，色泽诱人，刀工美观，装盘造型优美别致，则为合格或优质产品。反之原料虽合格，刀工成形差；或切配虽合适，调味用料过重，成品暗淡无光泽；或烹制较好，装盘不得体等都为不合格的菜肴。

2. 听觉评定

听觉评定是根据应该发出响声的菜肴在出品时的声响状况，对菜肴质量作出相关评价。通过考察菜肴声响，既可发现其温度是否符合要求，质地是否已处理得膨发酥松，同时还可考核服务是否全面、得体。若菜肴在餐桌及时发出响声并香气四溢，配有相应的防溅等安全措施，则证明该菜肴这方面的质量是达标的。反之，响声菜给人以无声或声音很微弱的听觉感受，其质量就是不合格的。

3. 嗅觉评定

嗅觉评定就是运用嗅觉器官评定菜肴的气味。菜肴的气味大部分来自菜肴原料本身，调味及烹调处理亦可为菜肴增添顾客喜爱的香气，如烤鸡的焦香、椒盐里脊的花椒香等。保持并能恰到好处地增加原料香气的菜肴，为合格产品；破坏、损害原有香气，或香料投放失当、烹调不得法，掩盖原料固有香气，产生令人反感气味的菜肴则为不合格产品。

4. 味觉评定

味觉评定是用舌头表面接触食物获得反应，进而判别甜、咸、酸、苦、辣等滋味。菜肴口味是否恰当精确，是否符合风味要求，味觉评定具有很重要的作用。烹制菜肴调味用料准确，比例恰当，口味醇正即为合格产品；菜肴经过调味，口味不突出，似是而非，甚至因调味过于谨慎导致菜肴淡而寡味，都为不合格产品。

5. 触觉评定

触觉评定是通过人的舌、牙齿以及手对菜肴直接或间接的咬、咀嚼、按、摸、捏、敲等动作，检查菜肴的组织结构、质地、温度等，从而评定菜肴质量。例如，通过咀嚼可以发现菜肴的老嫩，通过汤菜与舌及口腔的接触可以判断温度是否合适，等等。

要把握菜肴的质量，往往以上五种感官评定方法并用，对菜肴质量进行全面的鉴赏和评定。

感官质量评定法实用快捷，其特点是评判因鉴评者感官灵敏程度而异。鉴评者感官灵敏程度高，对菜肴各方面指标把握就比较准，反之评判不一定很准。同时，菜肴质量评判结果也因顾客个人偏好而异，偏好不同会导致不一样的评价。菜肴质量还受特殊环境、条件等的影响，顾客自身的特殊条件、品评菜肴当时和当地的特殊条件都会对质量评价产生影响。

有时顾客对菜肴质量的把握不一定很准，会带有一定的主观性和相对性，因此，研究顾客、关注顾客，准确、全面把握顾客对菜肴质量的评价相当重要。

三、菜肴质量控制方案

厨房菜肴质量受多种因素影响，厨房生产管理就是要采取各种措施确保菜肴质量的可靠和稳定，保证厨房产品符合要求。主要是通过流程控制法、岗位职责控制法和重点控制法来进行质量控制。

1. 流程控制法

厨房的生产从原料的进货到菜肴销售，可分为原料管理、菜肴制作和菜肴消费三个流程。加强对每个流程的质量控制，就可以保证菜肴质量。

（1）原料管理流程的质量控制。原料管理流程主要包括原料的采购、验收和储存。在这一流程应着重控制原料的采购规格、数量、价格、质量以及验收和储存管理。

1）严格规范，按规格书采购。严格按照采购规格书采购各类原料，确保购进原料能最大限度地发挥作用，使加工生产更加方便快捷。没有制定采购规格标准的原料，应以保证菜肴质量、符合菜肴制作要求为前提，选购规格和数量适当、质优价廉的原料，不得购入残次品。

2）细致验收，保证进货质量。验收的目的是杜绝不合格原料进入厨房，保证厨房生产质量。验收各类原料时，要严格依据采购规格标准，对没有规定规格标准的采购原料或新上市的品种，对其质量难以把握的，要随时请专业人员进行验货，不得擅自决断，以保证验收质量。

3）加强储存，提升质量标准。加强储存原料管理，防止原料因保管不当造成质量下降。严格区分原料性质，进行分类储存。加强对储存原料的食用周期检查，杜绝过期原料的使用。同时应加强对储存再制原料的管理，如泡菜、酱货等。如果这类原料需要量大，必须派专人负责。厨房已领用的原料也要加强检查，确保其质量可靠和安全卫生。

（2）菜肴制作流程的质量控制。菜肴制作主要流程包括原料加工、原料组配和菜肴烹调。

1）原料加工是菜肴制作的第一个环节，同时又是原料申领和使用的重要环节，进入厨房的原料质量要在这个环节得到认可。因此要严格按计划领料，检查和控制申领原料的数量和质量，确认可靠才能加工生产。对各类原料的加工和切制，一定要根据烹调的需要，制定原料加工规格标准，保证加工质量。餐饮企业应根据自己的经营品种，细化各种原料的加工成形规格标准，建立原料加工成形规格标准书。

原料经过加工切制后，部分动物性原料还需要进行上浆、挂糊等处理，通过处理，使菜肴的质地、色泽等方面达到理想的效果。各类浆、糊的调制应当标准化，避免因人而异或盲目操作。

2）原料组配是决定菜肴原料组成及分量的关键。组配前要准备一定数量的配菜小料，即料头。对于大量使用的菜肴主、配料，则要求组配人员严格按菜肴组配标准，按量取用各类原料，以保证菜肴风味。随着菜肴的创新和菜肴成本的变化，有必要及时调整用量，修订组配要求，并督导执行。

3）菜肴烹调是菜肴从原料到成品的成熟环节，决定着菜肴的色泽、风味和质地，"鼎中之变，精妙微纤"，说的就是烹调阶段对菜肴的质量控制尤为重要和难以掌握。有效的做法是在开餐经营前，将经常使用的主要味型的调味汁，批量集中兑制，以便开餐烹调时各炉灶随时取用，以减少因人而异出现的偏差，保证出品口味、质量的一致性。各厨房应根据自己的经营情况确定常用的主要味汁，并予以标准化。

（3）菜肴消费流程的质量控制。菜肴消费是厨房烹制完成后，交由餐厅进行的出品服务。这里有两个环节容易出差错，需加以控制：一是备餐服务，二是上菜服务。

1）备餐服务。备餐服务就是为菜肴配齐相应的作料、食用器具及用品。加热后调味的菜肴（如炸、蒸、白灼等菜肴），大多需要配作料（味碟）。从操作方便角度考虑，有的味碟是一道菜肴配一到两个，这种味碟一般由厨房配制；从卫生角度考虑，有的味碟是按人头配制，这种味碟配制一般较简单，多在备餐时配制，如上刺身时要配制芥末味碟等。另外，有些菜肴食用时还须借助一些器具，才显得方便、雅观，如吃蟹要配备夹蟹的钳子、小勺等，吃田螺配牙签等。因此，备餐也应建立一套规范和标准，督导服务，方便顾客。

2）上菜服务。上菜时动作要规范，主动报菜名。食用方法独特的菜肴，应对顾客作适当介绍或提示。

综上所述，流程控制法强调在加工生产各阶段应建立规范的生产标准，以控制生产行为和操作过程。同时流程控制还需要各个阶段和环节的全方位检查。因此，建立严格的检查制度，是厨房产品流程质量控制的有效保证。

厨房各流程的产品质量检查重点是根据生产过程抓好生产制作检查、成菜出品检查和服务销售检查。生产制作检查是指菜肴加工生产过程中，下一道工序的员工必须对上一道工序的加工产品质量进行检查，如发现产品不合标准，应予返工，以免影响最终成品质量。

成菜出品检查是指菜肴送出厨房前必须经过质检人员的检查验收。成菜出品检查是对厨房生产烹制质量的把关验收。因此，成菜出品检查必须严格认真，不可马虎迁就。

服务销售检查是指餐厅服务员也应参与厨房产品质量检查。服务员平时直接与顾客打交道，了解顾客对菜肴口味、色泽、装盘及外观等方面的要求。因此，从销售角度检查菜肴质量往往更具实用性。

2. 岗位职责控制法

利用岗位分工强化岗位职责，并施以检查督促，对厨房产品的质量也有较好的控制效果。

（1）每项工作应有落实。厨房生产要达到一定标准要求，各项工作必须分工落实，这是岗位职责控制的前提。厨房所有工作应明确划分、合理安排，毫无遗漏地分配至各加工生产岗位，这样才能保证厨房生产运转过程顺畅，加工生产各环节的质量有人负责，检查和改进工作也才有可能顺利开展。

厨房各岗位应强调分工协作，每个岗位所承担的工作任务应该是本岗位方便完成的，而不应是障碍较大、操作很困难的工作。厨房岗位职责明确后，要强化各司其职、各尽其责的意识。员工在各自的岗位上保质保量、及时地完成各项任务，菜肴质量控制便有了保障。

（2）岗位责任应有主次。厨房所有工作都要由相应的岗位分担，但是厨房各岗位承担的工作责任的重要性并不完全一样，应合理地将一些价格昂贵、原料高档或面对高规格、重要顾客的菜肴制作，以及技术难度较大的工作列入头炉、头砧等重要岗位职责内容，在充分发挥厨师技术潜能的同时，进一步明确责任。对厨房菜肴口味以及对生产层面构成较大影响的工作，也应规定由各工种的重要岗位完成，如配兑调味汁、调制馅心、涨发高档干货原料等。

另外，那些从事厨房生产、对出品质量不直接构成影响或影响不大的岗位，并非没有责任，只不过比主要岗位承担的责任小一点。其实，厨房生产是个有机联系的系统工程，任何一个岗位、环节的缺失，都有可能妨碍出品的质量和效率。因此，这些岗位的员工同样要认真对待每一项工作，主动接受厨房管理人员和主要岗位厨师的督导，积极配合、协助他们完成厨房生产的各项任务。

3. 重点控制法

重点控制法是针对厨房生产和出品的某个时期、某些阶段或环节，或针对重点客情、重要任务以及重大餐饮活动而进行更加详细、全面、专门的督导管理，以保证某一方面、某一活动的生产与出品质量的一种方法。

（1）重点岗位及环节控制。管理人员通过对厨房生产及菜点质量的检查和考核，找出影响或妨碍生产秩序和菜点质量的环节或岗位，并以此为重点，加强控制，提高工作效率和出品质量。例如，针对炉灶岗位出菜速度慢、菜肴口味时好时坏等问题，通过检查发现，炉灶岗位厨师操作不熟练，重复操作多，对经营菜肴的口味把握不准，不能按制作标准执行，厨房管理者就必须加强对炉灶岗位的指导、培训和出品质量的把关检查，以提高烹调速度，防止不合格菜肴出品。又如，一段时间以来，不少顾客反映同一个菜肴的分量时多时少，经检查后发现，切配人员未能严格执行已制定的菜肴组配标准，仅凭经验、感觉组配，这时，则需加强对组配标准的检查和督导，保证菜肴分量均衡一致。

重点控制法的关键是寻找和确定厨房生产控制的重点，前提是对厨房生产运转进行全面细致的检查和考核。对厨房生产和菜肴质量的检查，可采取厨房管理者自查的方式，也可凭借顾客意见征求表征求意见或直接向就餐顾客征询意见。另外，还可聘请有关专家、同行来检查，通过分析，找出影响菜肴质量问题的主要症结，并对此加以重点控制，改进工作，从而提高菜点质量。

（2）重点客情和重要任务控制。针对餐饮企业的经营目标，要区别对待厨房生产任务和重点客情、重要生产任务，加强对后者的控制，可以提高厨房的社会效益和经济效益。

重点客情或重要任务，是指顾客身份特殊或者消费标准较高的任务。因此，从菜单制定开始就要有针对性，要重视从原料的选用到菜肴出品全过程的监控，重点注意全过程的安全、卫生和质量。厨房管理人员要加强每个岗位环节的生产督导和质量检查控制，尽可能安排技术好、心理素质佳的厨师进行操作。对每一道菜肴，除尽可能做到设计构思新颖独特之外，还要安排专人跟踪负责，切不可与其他菜肴交叉混放，以确保制作和出品万无一失。在顾客用餐后，还应主动征询意见，积累资料，更好地为顾客服务。

（3）重大活动控制。重大餐饮活动不仅影响范围广，而且为餐饮企业创造的收入也高，同时，消耗的原料成本也高。加强对重大活动菜肴生产制作的组织和控制，不仅可以有效地节约成本，为企业创造经济效益；而且通过成功举办大规模餐饮活动，还可向社会宣传餐饮企业的品牌形象，进而通过就餐顾客的宣传扩大企业的影响力。

厨房对重大活动的控制，首先应从制定菜单开始，应充分考虑各种因素，开列一份或若干份具有一定风味特色的菜单。接着要精心组织各类原料，合理使用各种原料，适当调整安排厨房人手，妥善及时地提供各类出品。厨房生产管理人员、主要技术骨干均应在第一线，从事主要烹饪制作工作，严格把好各阶段产品质量关。举办重大活动时，厨房餐厅之间的配合十分重要，传菜与停菜要随时沟通，有效掌握出菜节奏。厨房内应由总厨负责指挥，统一调度，确保出菜顺序。重大活动期间更应加强厨房内的安全、卫生检查，保证各方面安全。

■ 学习单元 2　菜肴质量的针对性控制

影响菜肴质量的因素一般来说有两方面，第一是厨房生产的人为因素。厨房菜肴的生产过程，都是靠有烹饪技术的厨师来完成的，厨师的技术水平直接决定菜肴质量的高低。同时，厨师的情绪波动对产品质量也会产生直接影响。第二是生产过程的客观因素。

厨房产品的质量，常受到原料、调料、厨房环境、设施、设备、工具等方面客观因素的影响。第一是原材料及调料的影响。新鲜质优的烹饪原料是烹制精美菜肴的基础。清代袁枚在《随园食单》中说："凡物各有先天，如人各有资禀。人性下愚，虽孔孟教之，无益也。物性不良，虽易牙烹之，亦无味也。"原料本身的品质好，只要烹饪得当，产品质量就相对较好；原料质量不高，或过老过硬，或过小过碎，或陈旧腐败，即使有厨师的精心改良、精细烹制，产品质量想要合乎标准，也会很困难。同样，调料的质量以及如何运用也是同样的道理。因此，菜肴质量控制中首先要抓好各种原料的质量控制。第二是厨房生产环境的影响。厨房生产环境对餐饮产品的生产也有很大影响，厨房环境对员工的工作情绪影响很大。例如，厨房的温度过高，会加快消耗厨房工作人员的体能，导致其疲劳无力，进而影响产品质量。同时，由于厨房温度很高，烹饪原料也极易腐败变质，如果缺乏良好的储藏设施和管理，就会导致产品质量下降。建立一个良好的厨房环境，是保证厨房生产质量及产品质量的重要基础。第三是设施、设备和工具的影响。无论生产哪一种菜肴，都需要有一定的厨房设施、设备和工具，如炒炉、蒸炉、炸炉、烤炉、冰箱、冰柜等。厨房生产离不开必需的生产设施和设备，而这些设施和设备的质量也直接影响到厨房的生产质量。因此，为提高产品质量，决不能为了节省资金，贪图便宜去买伪劣产品，否则厨房生产经营必然会出现问题，最终因小失大。

由于厨房产品的质量受到厨房生产的人为因素影响，厨房各岗位的质量控制就是明确界定各岗位应承担的责任和质量控制方法，规定岗位工作责任，明确组织关系，提出质量控制要求，使厨房各岗位员工明确自己在组织中的位置、工作范围、工作任务及权限，知道对谁负责、接受谁的工作督导、同谁在工作上保持联系等。

一、初加工岗位的质量控制

1. 掌握刀工技术，熟悉中餐常用刀法、中餐原料特性和成形原理，能合理运用各类刀法将原料切配成规定的形状，符合菜肴切配标准。

2. 掌握干货原料涨发技术，熟悉常见干货原料的涨发方法和涨发机理，能保质保量地完成涨发工作。

3. 掌握原料保存技术，熟悉原料的特性和保存方法，保证原料符合卫生和安全标准。

4. 掌握初加工技术，能对植物性原料按规定要求去皮、筋、枝叶等杂物，动物性原料按规定进行初加工，保证加工原料符合营养卫生要求及规格和质量标准。

二、切配岗位的质量控制

1. 掌握刀工技术，熟悉中餐常用刀法、中餐原料特性和成形原理，能合理运用各类刀法将原料切配成规定的形状，符合菜肴切配标准。

2. 掌握配菜技术，熟悉配菜的内容和组配原理，能按标准配制菜肴。

3. 掌握原料保存技术，熟悉原料的特性和保存方法，保证原料符合卫生和安全标准。

4. 掌握上浆技术，了解保护性加工的基本原理及原料选择，能保质保量地完成上浆任务。

三、打荷岗位的质量控制

1. 掌握刀工技术，熟悉常用小料的切制及原料选择，能很好地完成小料的切制任务。

2. 掌握调糊技术，熟悉糊浆的种类和调糊技巧，能很好地对调糊进行质量控制。

3. 掌握拍粉技术，熟悉拍粉技巧，能很好地对拍粉进行质量控制。

4. 掌握菜肴装盘及美化技术，熟悉菜肴盛装的种类和装盘方法，能按标准进行菜肴的盛装和美化。

5. 掌握好出菜顺序，熟练地将各类切配菜肴及时传递分派给炉灶岗位烹制，控制好出菜的时间和速度。

四、冷菜岗位的质量控制

1. 掌握火候技术，了解冷菜烹调过程中的热传递现象和原理，对所烹制冷菜的火候掌握得当。

2. 掌握致嫩加工工艺，了解原料致嫩的目的，准确掌握致嫩的方法。

3. 掌握预熟处理技术，熟悉焯水、过油、汽蒸、走红等加工方法，能控制预熟处理操作质量。

4. 掌握制作冷菜的烹调方法，熟悉冷菜原料的特性和菜肴质量要求，能合理烹制冷菜。

5. 掌握菜肴美化技术，了解食品雕刻和果酱画美化方法。

6. 掌握各类冷菜调味技术，了解常用调味汁的制作，能对冷菜常用调味汁进行质量控制。

五、炉灶岗位的质量控制

1.掌握火候技术，了解烹调过程中的热传递现象和原理，熟知加热对烹调原料的作用及影响，掌握好所烹制菜肴的火候。

2.掌握挂糊、拍粉和上浆技术，熟悉原料的选择方法，了解原料保护性加工的基本原理。

3.掌握勾芡技术，熟知勾芡的种类，准确掌握勾芡的操作方法。

4.掌握致嫩加工技术，了解原料致嫩的目的，准确掌握致嫩的方法。

5.掌握预熟处理技术，了解焯水、过油、汽蒸、走红等加工方法，控制好操作质量。

6.掌握各种烹调方法，熟悉原料特性和菜肴特点，能合理烹调各类菜肴。

7.掌握制汤技术，熟练掌握制汤原料的选择和制汤方法。

8.掌握调味技术，精准调制各种复合调味品，把握好每一道菜肴的口味。

六、蒸灶岗位的质量控制

1.掌握预熟处理技术，控制好汽蒸火候。

2.掌握致嫩加工工艺，了解原料致嫩的目的，准确掌握致嫩的方法。

3.掌握菜肴装盘及美化技术，了解菜肴盛装的种类和装盘方法，能按标准进行菜肴的盛装和美化。

4.掌握调味技术，精准调制各种复合调味品，把握好每一道蒸制菜肴的口味。

培训指导

课程 9-1　培训

■ 学习单元 1　编写培训讲义

凡事预则立，不预则废。高质量的培训源自精心的准备和周到的安排，培训讲义是培训准备工作的重要内容。培训讲义不是教科书，也不是教案，而是培训指导者围绕培训任务撰写的培训材料。

一、培训讲义概述

编写培训讲义是落实培训目标的关键，培训指导者撰写的培训讲义承载着其教学设计方法和教学理念。培训讲义是记载传播的手段，编写培训讲义是保证培训按计划实施、提高培训质量的重要措施。由于培训指导者授课的方式存在区别，讲义的信息传输模式也不同，因此讲义可以根据不同模式和应用形式，分为多种不同类型。常见的讲义类型有讲授法讲义、多媒体教学法讲义、案例法讲义等，其内容形式有文字、图片、视频等。

1. 讲授法讲义

讲授法是目前应用最多的基本授课方法。讲授法讲义的基本组成是文本资料、教学图片、数据表格等。此类讲义的编写已形成相对固定的模式，一般常用篇、章、节的形式，依据内容多少厚薄不一。此类讲义要注意篇章布局应符合逻辑思维结构，系统结构与层次结构要合理，还要符合培训对象的认知习惯和规律。

2. 多媒体教学法讲义

多媒体教学法讲义主要是指幻灯片、教学视频等，可与讲授法讲义相配合。多媒体教学法讲义在编写中，要注意有对教学的结构性说明和对视听媒体的应用说明，如配以解说词或在视听媒体中嵌入说明。

3. 案例法讲义

案例法讲义是围绕一定的培训目的，把实际工作中的真实情景加以典型化处理，形成供培训对象思考分析的案例，通过独立研究和相互讨论的方式，来提高培训对象分析问题和解决问题能力的讲义。这类讲义的制作主要涵盖确定目标、搜集信息、写作、检核、定稿等工作。此类讲义一般要求以第三人称来描述，情节要源于事实，内容服务于培训；在信息编撰时，一般要隐去相关当事人的信息或征得有关部门和人员的同意。

二、培训讲义编写原则

1. 针对性与实用性原则

针对培训目标进行讲义编写。讲义中所提到的理论观点、技术观点及解决问题的方法，必须与现实相结合，且能解决现实问题，或提出指导解决问题的方案和意见，决不能故弄玄虚，搞"花架子"。未经实践检验、未被证实的内容不得编入讲义。

2. 系统性与科学性原则

培训讲义编写总体思路要以培训项目为依据，与组织整体需求相吻合，据此确定培训内容。讲义内容的取舍要从组织目标出发，要通盘考虑。讲义框架设计、拟用教学模式也要围绕组织目标，以达到最佳效果。讲义的内容必须要经过实践检验，要经得住推敲，坚持实事求是、求真务实，所述内容必须符合科学规律。

3. 创新性与新颖性原则

编写讲义一定要坚持开拓创新，所提出的观点、内容要反映时代特点，讲述的理论应是科学的、最新的，讲义编写的方法与思路也应是创造性的，不拘泥于旧模式，不局限于传统做法。讲义应是多种媒介的有机组合排列，所用形式要体现新颖性，以充分引起培训对象的兴趣和共鸣。

4. 反映最新科技成果原则

凡列入讲义的内容，除正在应用的传统技术外，要特别注意吸纳新技术和新技能，做到讲义的核心内容与行业发展保持同步。但选定的最新观点、新技术一定要通过实践验证，对探索性前沿内容的培训要慎重，表述要客观，防止误导培训对象。

三、培训讲义编写程序

1. 分析培训目标

分析培训目标是培训讲义编写的重要步骤，是讲义编写的调查、研究阶段。培训讲义所述内容是在培训目标的基础上确定的培训对象必须掌握的工作知识和技能。对培训对象来说，培训目标就是其通过学习过程通常要达到的学习要求。

2. 确定讲义编写目标

根据培训目标的分析，确定讲义编写的主旨。讲义的编写要达到提高培训对象整体素质的目的，真正促进培训对象的发展。

3. 培训讲义编写

培训讲义的编写包括 5 个具体步骤，即根据培训目标写下讲义主题，撰写讲义提纲，完成讲义具体内容，选择讲义内容授课的方式，修改调整讲义内容。

学习单元 2　培训实施

完成讲义编写任务后，培训指导者须根据培训目标要求，在设计课程的基础上，将讲义内容实施于培训教学。培训指导者要根据不同的培训目标、培训内容、培训对象，分析选择适当的教学方法。

一、常见教学法概述

由于研究者研究问题的角度和侧重点的差异，中外不同时期的教学理论研究者对教学方法的界定和论述不尽相同。总体而言，教学方法服务于教学目的和教学任务要求，是师生双方共同完成教学活动内容的手段，是教学活动中师生双方的行为体系。其中较为常见的有讲授式、问题探究式、实训实践式等教学方法，每一种教学方法又可细化成多种不同的实施方式。

二、常见教学方法的应用

1. 讲授式教学方法

培训指导者主要运用语言讲授的方式，系统地向培训对象传授科学知识，传播思想观念，发展培训对象的思维能力、智力等。

（1）具体实施方式包括讲解教学法、谈话教学法、讨论教学法、讲读教学法和讲演教学法。

（2）运用讲授式教学方法的基本要求。

1）科学地组织教学内容。

2）培训指导者的教学语言应具有清晰、精练、准确、生动的特点。

3）善于设问解疑，激发培训对象的求知欲望和思维活动。

2. 问题探究式教学方法

问题探究式教学方法是培训指导者引导培训对象提出问题，在培训指导者的组织和指导下，培训对象通过独立的探究和研究活动探求问题的答案，进而获得知识的方法。

（1）具体实施方式包括问题教学法、探究教学法、发现教学法。

（2）运用问题探究式教学方法的基本要求。

1）努力创设一个有利于培训对象进行探究发现的良好的教学情境。

2）选择和确定需要探究发现的问题（课题）与探究过程。

3）有序组织教学，积极引导培训对象的探究发现活动。

（3）问题探究式教学方法的实施步骤。

1）创设问题的情境。

2）选择与确定问题。

3）讨论与提出假设。

4）实践与寻求结果。

5）验证与得出结论。

3. 实训实践式教学方法

实训实践式教学方法是通过课内外的练习、实验、实习、社会实践、研究性学习等实践性活动，使培训对象巩固、丰富和完善所学知识，培养其解决实际问题的能力和多方面的实践能力。实训实践式教学方法包括以下三种具体教学方法。

（1）示范教学法。示范教学法是指在教学过程中，培训指导者通过示范操作和讲解，使培训对象获得知识、技能的教学方法。在示范教学中，培训指导者对实践操作内容进行现场演示，一边操作，一边讲解，强调关键步骤和注意事项，使培训对象边做边学，理论与技能并重，能较好地实现师生互动，提高培训对象的学习兴趣和学习效率。

（2）模拟教学法。模拟教学法是指在模拟情境条件下进行实践操作训练的教学方法。模拟教学法通常是在培训对象具备了一定的专业理论知识后，在实践操作前进行的。

（3）项目教学法。项目教学法是指以实际应用为目的，通过师生共同完成教学项目而使培训对象获得知识、能力的教学方法。其实施以小组为学习单位，步骤一般为：咨询、计划、决策、实施、检查和评估。项目教学法强调培训对象在学习过程中的主体地位，提倡个性化的学习，主张以培训对象学习为主，培训指导者指导为辅。培训对象通过完成教学项目，能有效调动学习的积极性，既掌握实践技能，又掌握相关理论知识，既学习了课程，又学习了工作方法，能够充分发掘创造潜能，提高解决实际问题的综合能力。

■　学习单元 3　多媒体课件的制作和应用

多媒体课件，简单来说就是用来辅助教学的工具。教师根据自己的创意，先从总体上对信息进行分类组织，然后把文字、图形、图像、声音、动画、影像等多种媒体素材在时间和空间两方面进行集成，使它们融为一体并赋予它们以交互特性，从而制作出各种精彩纷呈的多媒体课件作品。

一、多媒体课件概述

多媒体课件是根据教学大纲的要求和教学的需要，经过严格的教学设计，并以多种媒体的表现方式和超文本结构制作而成的课程软件。

目前在多媒体课件中应用较多的是微软公司出品的制作幻灯片的软件 PowerPoint（简称 PPT），本学习单元以 PPT 课件为例介绍多媒体课件的制作和应用。PPT 是集声音、图像、文字、动画等为一体的计算机演示文稿，它最大的好处是能激发培训对象的学习兴趣，并对授课内容起到提纲挈领的作用。

二、多媒体课件制作的要求

1. 界面

界面的设计要具有美感，比例恰当，图文分布均匀，整体简洁连贯。界面一般分为标题区、图文区两部分。标题要求简洁明了，是整页的主旨思想。图文区的内容是对标题的说明和讲解，要求紧扣标题。图文安排要疏密有致、赏心悦目。

2. 颜色

课件的颜色主要有红、蓝、黄、白、青、绿、紫、黑 8 种颜色。背景色宜用低亮度或冷色调的颜色，而文字宜选用高亮度或暖色调的颜色，以形成强烈的对比。

3. 文字

课件中文字不要太多，不要把所有的内容都搬到演示文稿中。一般说来，输入授课提纲，再添加一些辅助说明的文字就足够了。标题和关键文字的字号应该大些，重点语句应采用粗体、斜体、下划线或色彩鲜艳的文字，以示区别。

4. 图表

在 PPT 中出现的图表分为两种：一种是作为图形、图案来点缀界面的，另一种是用来对文字内容作辅助说明的，如工艺流程图等。课件中的图形、图像可以通过绘图软件、扫描、拍摄、网络下载等途径获取。

5. 声音

在 PPT 课件中，根据需要也可加上背景声音，在切换幻灯片、提示培训对象注意时，可以起到渲染气氛、提醒注意的作用。可以用软件制作声音文件添加到演示文稿中，要选择轻柔悦耳的声音，不要选择刺耳的声音。

6. 动态效果

PPT 的好处之一就是能让所有的元素活动起来，可以在 PPT 中给每一张幻灯片设置切换效果和停留时间，甚至每一行文字都可以以动画形式出现或消失。

7. 备注页

PPT 课件只是培训内容的一个提纲，究竟该怎么讲，该讲些什么，还需要培训指导者按照逻辑顺序牢记在心中。制作时应在备注页中记上一些关键步骤和提醒的内容，以防在培训现场突然遗忘。

三、多媒体课件的制作步骤

制作 PPT 课件的一般流程如下：

启动 PPT 软件→熟悉 PPT 软件界面→创建演示文稿→输入内容→添加文字、图形、图像等→添加声音→美化课件（如设置版式、配色方案和背景、自定义动画等）→课件保存（制作过程中应注意适时保存）。

课程 9-2　指导

🔲 学习单元　技能指导

技能是指个体运用已有的知识经验，顺利地完成某项任务的一种动作方式或智力活动方式。技能可以通过练习获得，培训指导者的指导和点拨对提高指导对象的技能起着重要作用。

一、技能指导基本技能概述

技能指导基本技能是指培训指导者对指导对象进行指导所需要的基本技能。培训指导者所需要的基本技能包括战略意识、判断能力、建立关系能力、激励他人能力、沟通能力、诊断问题并找出解决方法的能力等。

二、技能指导的基本步骤

做好技能指导工作大致需经历 7 个基本步骤，即了解、明确将要改进的行为，确定指导对象偏好的学习方式及学习类型，研究学习当中可能遇到的障碍，了解并开发实施新行为和技能的战略，指导实施新的行为和技能，搜集并提供有关绩效的反馈信息，归纳教学经验并将其应用到实际工作中。

培训指导者在实施技能指导时，要明确组织对培训的要求，深入了解、掌握专业技能，熟知技能指导时可能出现的问题，遵循前瞻性、客观性、总体性等指导原则。

三、指导对象学情分析

为创设良好的培训氛围，提升培训效果，培训指导者要针对指导对象的具体情况做好训练、指导工作。培训指导者要了解指导对象现有能力水平与组织期望目标之间的差距，了解指导对象的实际知识和技能水平、工作态度，以及指导对象的个性特征、领导能力特征、认知方式、沟通风格等。一个优秀的培训指导者能读懂指导对象的肢体语言，能根据指导对象的表情分辨其是否已掌握教学内容。因此，培训指导者要特别关注指导对象的学习动机、思维方式、学习特点等情况。

1. 了解指导对象的学习动机

学习动机是指引发与维持指导对象的学习行为，并使之指向一定学业目标的一种动力倾向。任何一种训练和指导的方法都建立在对指导对象学习动机的重要假设上。不同的动机下，人们的行为是不同的，成功的训练和指导的前提是了解指导对象的学习动机，理解其思维特征和态度。

2. 了解指导对象的思维方式

对指导对象思维方式的了解和指导也十分重要。一般来说，指导对象有的习惯从权威那里不假思索地接受知识，有的习惯通过推理判断来接受事物，有的习惯通过感性经验接受事实，有的靠感情因素接受知识，有的靠直觉来接受外部信息，有的靠理性思维方式接受指导。事实上，大多数人都是混合型思维方式，只不过偏重于某一种类型。培训指导者在进行指导时，要综合运用不同的方法。

3. 了解指导对象的学习特点

指导就是帮助指导对象学习。因此，要想有针对性地指导，就要了解指导对象的学习特点和学习风格。常见的学习特点有积极行动型、反省型、理论型和实践型。积极行动型喜欢投身于实践活动中，喜欢新的机会，喜欢成为公众关注的焦点，并习惯于保持鲜明的姿态。反省型喜欢认真地思考，在做出决定和结论之前喜欢倾听、观察并收集信息，面对新知识和新经验时通常会比较谨慎和保守。理论型出于自己的爱好，对各种观点都感兴趣，喜欢搜集、分析、综合各种新的信息，用以充实自己的理论。实践型喜欢解决问题，乐于实践，希望把新知识用于实践。

四、培训指导者的作用

培训的主要目的在于提高绩效。企业在制订培训计划时，必须明确通过培训期望达到的效果。培训在提高员工对企业与工作的认知，改变态度，形成良性动机，进而改善绩效等方面具有积极作用。

1. 帮助员工发现工作中的问题

培训指导者兼有教练、导师、督导等角色。培训指导者的作用就是通过向员工提供建议和鼓励，使员工更加出色。培训指导者要给那些经验不够丰富的员工以职业上的指导。督导的任务是从长远考虑出发，修正那些影响工作成绩的问题，修正员工的行为。要做到这些的前提是要发现和指出现存的问题和需要改进的地方。

2. 指导员工制定明确的目标

培训指导者在帮助员工找出工作中存在的问题后，提高员工的工作成绩、规划未来发展的最好办法就是制定合适的工作目标。没有积极的目标，就不会有进步和创新。

因此，培训指导者在指导员工制定工作目标时，目标一定要能够起到激励的作用；同时，目标的制定也要适合员工自身的能力。目标制定得越清晰越有针对性，就越有可能实现。

3. 提高新员工在企业中的角色意识

只有员工完全融入企业，才能充分履行其职责。这点对于新员工尤为重要。良好的开始是成功的一半，培训指导者要帮助新员工尽快熟悉企业的各个方面，消除陌生感，以一种良好的方式开始工作，在企业与员工之间建立默契与承诺。

4. 帮助员工获得知识和技能

员工通过培训能提高知识和技能水平，如沟通技巧、合作能力、实际操作技巧等。员工充分运用所学的专项知识和技能，在实际工作中就会取得更好的绩效。

5. 指导、帮助员工自我评估

培训指导者要为员工制定明确的评估标准，让员工能够评估自己是否达到标准，是否实现了工作目标。